echt EMF

**Annemarie Paulsen**

mit Alexander Bayer

# ALLES BÜDDN WILD

**Eine echte Bäuerin über Landwirtschaft, Tradition & Tüddelband**

echt EMF

Bei Fragen zur Produktsicherheit wenden Sie sich an
Edition Michael Fischer GmbH
Kistlerhofstr. 70
81379 München
kontakt@emf-verlag.de



echtEMF ist eine Marke der Edition Michael Fischer

3. Auflage
Originalausgabe

Covergestaltung: Luca Feigs, Foto: Julia Merkel
Illustrationen im Innenteil: s. Bildnachweis S. 255
Layout und Satz: Luca Feigs
Gedruckt bei CPI books GmbH, Birkstraße 10, 25917 Leck

Printed in Germany

ISBN 978-3-7459-2467-1

www.emf-verlag.de

*Für Karsten*

# INHALT

## JA, GENAU FÜR DICH SCHREIB ICH HIER!

Jetzt habe ich tatsächlich ein Buch geschrieben und kann es selbst noch kaum glauben! Mit vielen tollen Wörtern, arabischen Seitenzahlen (ja, Mathe kann ich mehrsprachig!), ganz viel vom Landleben, einer Menge Humor und auch ein bisschen von mir. Ich erzähle euch darin aus meiner kämpferischen Vergangenheit im Dorf (ich bin mit sechs älteren Brüdern aufgewachsen), unserer wuseligen Gegenwart auf dem Land mit über dreihundert Kindern und Rindern (grob zusammengerechnet), von der Wichtigkeit der Gemeinschaft, von der Wertevermittlung und dem Erhalt der wichtigsten Traditionen beziehungsweise deren Modernisierung.

„Du musst den Leuten noch erklären, dass du das alles anhand von lustigen Anekdoten berichtest, Annemarie. Sonst denken die noch, das ist so ein trockenes wissenschaftliches Fachbuch." Ach ja, das hier ist mein Mann Martin. Und ich liebe ihn, auch wenn er jeden geschriebenen Content von mir überprüft und mein mit Abstand härtester Kritiker ist. Aber er hat recht – das Buch ist voll mit ganz vielen Beispielen aus dem Leben, meinen und den Erfahrungen anderer und konstruktiven Gedanken zu den Themen, die uns alle bewegen.

Ursprünglich wollte ich einfach nur mein komplettes Instagram oder meine TED-Talk-Auftritte abschreiben, denn dort erzähle ich bereits seit Jahren über das Landleben. Aber dann hätte ich mich niemals so wunderbar in die Themen hineingesteigert, und massenhaft Anekdoten ausm Dorf wären für immer in der Versenkung geblieben. Also habe ich meinen umfunktionierten Agrarbloggerinnenaward-Stiftehalter zur Seite geschoben, das Stuhlbein repariert und mich gewissenhaft in meiner süßen Stallbüroecke an den schönen weißen, eher improvisierten Schreibtisch gesetzt. Dabei herausgekommen sind Storys über die besten und gleichzeitig anstrengendsten Geschwister der Welt, die neugierigsten und geschwätzigsten Nachbarn im Dorf, die intelligentesten Kühe im Stall, den langweiligsten Pfarrer in der Gemeinde, die härtesten Männer im Ort, „Bauer Helmut" und die stursten Altbauern von Norddeutschland, die hässlichsten Schultüten auf dem Markt, Berichte über das große Glück nach jeder gelungenen Ernte, die muffeligsten Treckersitze im Sommer, die aufregendsten Auslandssemester, den erfrischendsten Geheimsee der Uckermark, die erstaunlichsten Futterpflanzen und den (un)wilden Osten und dessen Mentalität. Aber auch über die betrunkenste Landjugend Europas, den ältesten DJ im Dorf (arbeitet mit Kassetten), Ratlosigkeit und ein bisschen Wut über das gesellschaftliche Standing der Bauern, Tipps und Tricks zur Modernisierung von Traditionen und Bräuchen sowie Geschichten über fliegende Kühe. Ach ja, natürlich auch über den nicht vorhandenen Urlaub in unserem Job, die unantastbarste Stunde des Tages, Hackbratenkuchen, Trauer, Landleben-Sorgen und Zukunftsängste und natürlich Geschichten über das Melken – die eine Aufgabe, die mich immer wieder zur Ruhe bringt, mich als einzige erdet und mich glücklich sein lässt.

Früher war ich nur Bauerntochter, Wrestling-Versuchsopfer meiner Brüder und festivalerprobter Metal-Fan. Heute bin ich Ehefrau, Mutter, Landfrau, Bäuerin, Agrarinfluencerin und Inka-Bause-Double mit längeren Haaren (zumindest verkupple ich seit Neuestem aufm Land nicht nur Rinder). Ich erzähle, schreibe und filme, und zwar über das, was mich täglich umgibt und bewegt. Am meisten darüber, worüber die Menschen vor Generationen noch ehrenvoll sprachen. Und am Ende will ich mit meiner Arbeit eigentlich nur zwei Dinge erreichen: Menschen unterhalten, sie zusammenbringen und ein authentisches Bild über das Landleben und die Landwirtschaft zeigen, gerne auch denjenigen, die uns Bauern nur aus bebilderten Kinderbüchern kennen. Aus Kinderbüchern, in denen Kühe den ganzen Tag lächelnd „Muh" machen, Hunde über die Wiese tollen, der Hof offenbar noch nicht schließen musste und wo das Wort „Bürokratie" gar nicht vorkommt. Und auch mit denjenigen, die das Landleben so oder so ähnlich wie ich erlebt haben oder es immer noch tun, will ich gemeinsam lachen und auch mal kopfschüttelnd mit den Augen rollen: über unsere geliebten Altbauern und die teilweise absurd festgefahrenen Strukturen auf dem Land. Über diese Strukturen wie auch grundsätzlich über Traditionen, Gemeinschaft und Werte will ich auch mal hart diskutieren. Ach ja, und auch meine Follower kommen natürlich auf ihre Kosten, weil sich so ein Buch wesentlich länger anschauen lässt als ein 30-Sekunden-Video auf Instagram.

Natürlich sind auch alle Stadtbewohner dazu eingeladen, sich ~~über~~ mit uns Landmenschen zu amüsieren und Konzepte weiterzudenken, die nicht nur unsere Bräuche erhalten sollen. Ja, auch ihr lebt – bemerkt oder unbemerkt - bestimmte Traditionen weiter, und, wenn wir ehrlich sind, sind wir gar nicht so weit voneinander entfernt. Der einzige wesentliche Unterschied zwischen uns und euch ist, dass ihr fast nie nach Kuh riecht. Okay, das waren jetzt offenbar mehr als zwei Dinge, die ich mit diesem Buch aufgreifen wollte … Aber, liebe Leserinnen und Leser: Habt Spaß, und wir sehen uns wieder auf Seite 249!

# BÄUERIN SCHLÄGT BAUER

Kennt ihr das, wenn man gerade das Abitur hinter sich hat, einen neuen Job sucht und erst nach dreihundert Versuchen endlich auf die Idee kommt, es dort zu probieren, wo man sich eh schon wie ein melkender Fisch im Wasser fühlt? Eines Tages war es auch bei mir so weit, und da stehen wir also, in einem Melkstand, zu dritt – der junge Bauer, der alte Bauer und ich. Der junge hat mich hierhin eingeladen, denn er wird den Hof ja bald leiten. Den alten sehe ich zum ersten Mal. Und er auch mich. Ich bin die Anwärterin für den neuen Job. Für meinen neuen Job. Den Job davor habe ich aufgegeben, weil ich den Eigentümer der Pizzen, die ich zu backen und packen hatte, so langsam satthatte. Ich bin ja auch keine gebürtige Pizzabäckerin. Das hier ist was anderes. Ein Milchviehstall. Und mit Milch kenne ich mich hervorragend aus. Ich melke Kühe auf unserem Bauernhof, seit ich zehn bin, und das fast für lau. Aber jetzt reicht das Taschengeld nicht mehr aus, daher der zusätzliche Job auf einem fremden Hof.

Der alte Bauer schaut argwöhnisch auf jeden Handgriff, während ich das Geschirr der Melkmaschine ansetze und zu melken beginne. Auf die Art, wie ich es bereits seit acht Jahren tue. Auf meine Art. An einem fremden Melkstand sofort zu überzeugen ist nicht so leicht. Die Ställe sind alle unterschiedlich ausgestattet, nicht mit jedem kommt man gleich klar. Da gibt es die Side-by-side-Stände, welche im Tandem, im Karussell oder auch die weitverbreiteten fischgrätenförmigen Stände. Allein von letzteren existieren noch mal zig Unterkategorien. Und als junges Mädchen bin ich in den Augen eines traditionellen Hofbesitzers ohnehin in vielfacher Bringschuld, selbst wenn ich mich gut anstelle. Ich kann den alten Bauern geradezu denken sehen: Frau im Stall, und dann auch noch so jung – wie soll'n dat funktionieren? Er schüttelt den Kopf. Er schwitzt, und seine grauen Haare zucken leicht hin und her – so angestrengt denkt er darüber nach, ob ich allein durch das Frausein seinen Melkstand mit falscher Handhabung zur Explosion bringen könnte. Bis er es nicht mehr aushält, entschlossen einen Schritt nach vorne macht und mich mit seinem Bauernbauch zur Seite schubst.

Ich erstarre. Was bildet der sich ein? Nein, Freundchen. Ich habe mich nicht all die Jahre gegen sechs ältere Brüder durchgesetzt, nicht meinen Vater als Dreizehnjährige davon überzeugt, dass ich sehr wohl weiß, wo sich Gaspedale auf roten Rasenmäher-Treckern befinden, und nicht deinen eigenen Sohn – den Jungbauern – bereits nach gefühlten zwölf Sekunden am Doppelsechser** melktechnisch beeindruckt, um von dir hier – vor den Augen dieser 180 Kühe – gemaßregelt zu werden! Das sage ich nicht – das denke ich nur. Und schubse zurück.

---

** Variante eines Fischgräten-Melkstands, bei dem sich jeweils sechs Kühe leicht versetzt gegenüberstehen

Mein Körpereinsatz zeigt Wirkung: Der Bauer schwankt – und trottet zu seinem Ausgangspunkt. Wie eine Kugel, die in ihre Mulde zurückrollt. Er starrt mich an. Unendliche Sekunden lang erwidere ich seinen Blick. Ich beginne zu zweifeln: Habe ich den Nebenjob, den ich so dringend brauche, gerade fahrlässig zerschubst? Was wird dann mit meinen Festivals, Partys und dem Trecker-Diesel, wenn ich nicht im Stall arbeiten kann? Was wird aus dem kostspieligen Duftwasser, das mir dabei helfen soll, den Stallgeruch loszuwerden? Ich habe mich doch bloß gewehrt, denn ich bin im Recht. Ich kann melken!

Ich schaue, jetzt ein bisschen vorsichtiger, aber nicht minder entschlossen, den Bauern durch meine rechte Augenbraue an, mein Kinn klebt abwartend am Hals. Und er sagt nichts. Er verlässt nur schweigend den Stall. Ich atme tief ein und aus und frage mich, ob ich morgen erneut schubsen muss. Jenen Mann, der in den kommenden Monaten lernen wird, wie gut ich in meiner Arbeit tatsächlich bin, wie hervorragend meine feministische Ausmistpolitik funktioniert, und der eine Menge Gefallen an unseren gegenseitigen Neckereien finden wird.

# Mit sechs älteren Brüdern zur Wrestling-Weltmeisterin

Als letzter Spross einer Bauernfamilie erblickte ich in den frühen Neunzigerjahren die schleswig-holsteinische Welt und wuchs dort mit sechs Brüdern, einer Schwester, Millionen Grashalmen und ganz vielen Kühen auf. Ich habe früh gelernt, mich zu behaupten, alles zu teilen, zu streiten und solch wichtige Dinge wie Traditionen, Werte und schnelles Fliehen aufs Zimmer zu schätzen. Und wir hatten im alten, riesigen Bauernhaus mit seinen drei Stockwerken eine ganze Menge davon. Ich habe sie nie gezählt, aber weil wir ja so viele waren, hatten wir das gesamte Haus, überall, wo es möglich war, ausgebaut. Spannend war auf jeden Fall, dass man aus jedem der Zimmer in einen Stall gucken konnte – bei mir zum Beispiel zu den Bullen und zu den Schweinen zugleich. Ob unser Vater, der sich für extrem lustig hält, das extra so geplant hat, um uns zu ärgern (er pflegte zu sagen, so könnten wir uns die Spiegel im Zimmer sparen und bräuchten nur ausm Fenster gucken), weiß ich nicht. Zuzutrauen wäre es Bauer Helmut jedoch.

Ganz unten hatten wir eine riesige Diele, die nur zwei winzige Fenster hatte, aber direkt durch eine schwere Tür mit dem Kuhstall verbunden war. Schwere Türen hatten wir überall, vermutlich, damit sie nicht so schnell durch die vielen kleinen Kinderhände, die permanent durch die Flure jagten und Türen schlugen, abgenutzt wurden. Die Türen haben die Heuer-Brut auch wunderbar überlebt, die Türgriffe allerdings nicht. Diese waren nach Jahren und millionenfachen Berührungen dermaßen abgenutzt, dass die meisten von ihnen gar keine Klinken mehr hatten. Aber ich schweife ab. Jedenfalls hatte jeder von uns ein eigenes Zimmer und ich somit sieben hinter Türen verborgene Hoffnungen auf einen täglichen Spielkameraden.

„Claas, darf ich heute mit dir spielen?" Ich klopfte an die Tür meines viertältesten Bruders, der gerade seine Pubertät erreicht hatte und sich für eine Fünfjährige wie mich weniger interessierte als für sein zweites, eben erst gesprossenes Achselhaar.

„Sorry, Annemarie, heute nicht. Ich muss gleich noch den Stall ausmisten, und danach wollte ich lesen. Viel lesen." Claas war damals nicht nur für mich ein Mysterium. Er ist dieser Bruder, der schon immer ganz viel gelesen, geschrieben und nachgedacht hat. Er hat so viel gelesen, dass er irgendwann ausreichend Informationen im Hippocampus zusammengetragen hat, um daraus eine Dissertation inklusive einer selbst programmierten Software zum Thema Kuhgenetik rauszuhauen. Dieses Buch hier schreibe ich nicht zuletzt, um ihm unter die Nase zu reiben, dass seine Schwester auch wunderbar publizieren kann oder wie immer das heißt. Wenn auch ohne Doktortitel in quantitativer Genetik, aber dafür mit dem eigenen Gesicht aufm Cover – ha!

Wie auch meine übrigen Geschwister liebe ich Claas, denn neben der Leidenschaft für Schachtelsätze, deren Ursprung ich nicht genau verorten kann, obwohl ich das doch so gerne würde und auch immer wieder herauszufinden versuche, aber es klappt einfach nicht, und einst demselben Professor an einst derselben Uni teilen wir bis heute die Liebe zu Kühen. Ich trage den Duft von Kuh an meinen Klamotten, er in seinem Herzen. Genauso wie Knud, der mittlerweile den Hof unserer Eltern übernommen hat und ihn bis heute führt. In ihm, auch wenn er mein zweitältester Bruder mit zehn Jahren Abstand ist (der älteste ist nur ein Jahr älter als er), fand ich stets einen dankbaren Spielkameraden. Zumindest durfte ich immer sein Zimmer aufräumen, und das sogar komplett kostenlos. Wie nett von ihm. Die anderen waren spieltechnisch alle irgendwie immer mit ihrem eigenen Kram beschäftigt. Ja, selbst die nächstälteren, die nur ein oder vier Jahre älter waren als ich.

Zu Unterhaltungszwecken wurde ich als jüngstes Heuer-Kind (hey, mein Mädchenname hat denselben Wortstamm wie getrocknete Pflanzenmasse!) von meinen Geschwistern aber oft und gerne eingesetzt, mit hauptsächlich einseitigem Kosten-Nutzen-Verhältnis.

„Annemarie, hilfst du mir mal beim Kühe-Reinholen? Ohne dich bin ich verloren!“, war einer der Sätze, der mich kleine Schwester aufspringen ließ. Ich stiefelte dann durch den Matsch und sammelte unzählige Kühe ein, während der lieblistige Bruder bei der gesamten Unternehmung bloß das Tor schließen musste, nachdem ich mit der Arbeit fertig war. Dennoch war ich nach einer solchen Aktion bis zum verschwitzten Scheitel nicht nur voller Matsch, sondern auch Stolz. Denn ich – die kleine Annemarie – hatte meinem großen Bruder geholfen! Und ist das neben Denunzieren und Haare-Ziehen nicht genau die Funktion von den Kleineren?

Unzählige Male wurde ich schon als lütte Deern von meinen Geschwistern aufs Feld mitgenommen, wo ich dann lustige Geschichten erzählen und viel ungezwungenen Quatsch machen konnte. Während sie also die geschossenen Rüben mit der Hacke herauspulten – was wirklich harte Arbeit ist – oder die Zaunpfähle reinschlugen, hüpfte ich um sie herum und erzählte die neuesten Witze aus der „Bravo". Also fast so, wie ich es heute auf Instagram mache. Das war eine Win-win-Situation, denn meine Brüder freuten sich über die Unterhaltung, und ich freute mich, weil es mir gelang, die anderen zum Lachen zu bringen. Und so transportierte ich quasi ungeplant meine Leichtigkeit, um ihnen ihren schweren Arbeitspart zu erleichtern. Auch heute möchte ich vor allem Freude, Sorglosigkeit und Zuversicht verbreiten (und hin und wieder einfach nur ein bisschen Quatsch erzählen), und ich hoffe, das gelingt mir bisher.

Es gab mit den vielen Brüdern aber auch echt krasse Momente, denn wir trugen unsere Konflikte grundsätzlich laut und effektvoll aus. Wenn etwa unklar war, wer den knusprigen Pfannkuchen meiner Mutter direkt von der Pfanne abernten durfte, gab es immer erst einmal lautes Geschrei: „Ich!", „Nein, ich!", „Du hattest schon den letzten!" usw. Das brachte außer Stress für unsere Mutter gar nichts. Also wurde das Problem, welches wir nicht auf zivilisierte Art – zum Beispiel durch Gebrüll – beseitigen konnten oder wollten, sportlich gelöst. Beim Billard etwa. Der Billardtisch, der auf unserem Spieleboden von schlauen Experten in der Nähe einer Glastür platziert worden war, deren Lebensdauer, soweit ich mich erinnern kann, nie mehr als zwei Wochen betrug, war dafür bestens geeignet. Einen Queue habe ich in meinem Leben noch keine drei Male benutzt, das war für unser Problemlösebillard aber auch nicht nötig. Mit Wucht und lautstarken Begleitrufen schossen wir die Kugeln über den Tisch, während wir uns mit den Händen an den Banden festhielten. Ich frage mich bis heute, ob das andere Landkinder auch so machten, aber so waren bei uns die Regeln. Der Schmerz in den Fingern der Rundenverlierer sollte uns damals schon vorwarnen, wie es im späteren Bauernleben im Melkstand zugehen würde. Meine Mutter zum Beispiel hatte mit den ganzen tretenden und schlagenden Kühen sich schon so ziemlich jeden Finger ihrer melkerfahrenen Hände gebrochen.

Billard war aber nicht die einzige Variante, Geschwister-Streitigkeiten auf sportliche Art beizulegen. Auch beim Basketball, Wettsprinten, Radfahren oder an der Tischtennisplatte gaben wir vier Kleinen stets unser Bestes, um am Ende doch zu verlieren und das kleinere Schnitzel abzubekommen oder ein paar Teller mehr abzuwaschen, je nach Wetteinsatz. Die Großen, auf deren Mist solche Ideen gewachsen waren, fanden diese Lösungen demokratisch, wir Kleinen nicht. Und dennoch haben wir jedes Mal vor Aufregung gequietscht und voller Euphorie mitgemacht. Manchmal beschwerten wir uns auch und zweifelten die Rechtmäßigkeit solcher Streitlösungen an, aber das Angebot der Großen, auch dieses Missverständnis bei einer Partie Billardkugelschleudern oder einem Wrestling-Match zu entscheiden, lehnten wir, noch von den vorherigen Runden gebeutelt, meist dankend ab.

Eine der wenigen Möglichkeiten für uns Kleinere, uns gegen die Übermacht der Großen zu wehren, war Petzen, was ich einige Zeit lang oft und gezielt einsetzte. Als Henning, mein elf Jahre älterer Bruder, ungeschickterweise eine mit leckerer Käsesoße beschmierte Nudel auf den Wohnzimmerteppich fallen ließ, empfand ich es als kleine Schwester als meine heilige Pflicht, ihn sofort zu melden, auch wenn niemand danach gefragt hatte. Keine zwei Sekunden später schob er seinen Teller beiseite und rannte mir, die ich bereits in weiser Voraussicht aufgesprungen und in Richtung Kinderzimmer geflohen war, hinterher, um mich mit einem Tritt in den Allerwertesten über mein eigenes und am Morgen fein gemachtes Bett zu befördern. Auf diese Weise lernte ich nicht nur, ähnlich wie unsere Hofhühner, ein paar Meter weit zu fliegen, sondern auch, dass ältere Brüder selbst gegen das Petzen über geeignete Mittel verfügen. Als Tipp für diejenigen, die mehrere Geschwister haben, kann ich im Übrigen immer empfehlen, das älteste am meisten zu ärgern. Denn am besten lernt man immer von den Stärksten, wie mein heutiger Ehemann Martin solche Anekdoten aus meiner Kindheit zu kommentieren pflegt.

## MIT WITZ DURCH DIE WAND

Mein Mann ist im Gegensatz zu mir nicht mit sechs älteren Brüdern aufgewachsen und hat nicht diesen ausufernden Geschwisterkonkurrenzkampf erlebt, bei dem man sich ständig beweisen musste. Zudem habe ich selten eine solche gleichberechtigte Hofführung wie die meiner Schwiegereltern beobachtet. Wahrscheinlich ist er auch deshalb so ausgeglichen und ein derart geeigneter Ruhepol für meinen übersprudelnden Eifer in sämtlichen Bereichen. Warum meine Eltern sich damals dafür entschieden haben, sechs Söhne und nur zwei Töchter zu bekommen, ist mir bis heute ein Rätsel. Vielleicht, damit ich mit sechs Schwestern und nur einem Bruder nicht die ~~langweiligste~~ ruhigste Person von ganz Deutschland geworden wäre? Nein? Ja, vermutlich eher, weil sie dachten, die Ernte würde mit so vielen männlichen Kindern ein bisschen einfacher werden. Aber das wurde sie nicht. Denn der jährliche Höhepunkt einer Hofarbeit ist für alle Beteiligten ein anstrengender Job, besonders für diejenigen, die gerade Ferien haben oder zwischen den Mathematik- und Deutschhausaufgaben auch noch melken dürfen.

Ich habe diesem Umstand und auch meinen älteren Geschwistern viel zu verdanken. Das alles hat mich geprägt, der permanente Konkurrenzkampf hat mich stark gemacht. Hat mir beigebracht, dass es in diesem Leben nichts umsonst geben wird. All das hat meinen Umgang mit Geld, mein Durchsetzungsvermögen, meine Arbeitsmoral definiert, die mein heutiges Leben voller unterschiedlicher Aufgaben noch immer bestimmt. Als Bäuerin, als Ehefrau, als Mutter, als Agrarinfluencerin, als Vorträge haltende Botschafterin und als – sollte ich es tatsächlich durchziehen, dieses Buch zu vollenden – glückliche Buchautorin. All das, was ich heute nicht ohne Anstrengungen, aber routiniert leiste, ist auf meine Kindheit zurückzuführen. Um als kleines langhaariges Mädchen unter sieben älteren Geschwistern, einer starken, aber gerechten Mutter und einem liebevollen, aber permanent Sprüche klopfenden Vater am Mittagstisch gehört zu werden, habe ich schon früh nicht nur auf Lautstärke und schnelles Sprechen gesetzt, sondern auch auf Humor. Auf viel Humor. Schon als Sechsjährige habe ich unter anderem dank der „Bravo“ gelernt, welche Witze wo, wie, wann am besten zünden, und so meine aufgrund meines Alters und Größe quantitativen Defizite innerhalb der Familie durch astreine Qualität ausgeglichen. Ich lernte mich zu behaupten, ohne wie meine älteren Brüder Wrestling-Fähigkeiten einzusetzen. Nein, ich tat es auf humorige Art. Und das ist auch gut so, denn sonst würde ich heute, anstatt lustige Sketche zu produzieren, vermutlich Arschtritt-Seminare an der Kieler Volkshochschule anbieten. Dass ich in der Grundschule als eines der sportlichsten Mädchen galt und die Jungs noch im fünften Schuljahr auf dem Gymnasium bei der Klassenlehrerin reklamierten, dass ich sie in Streitfragen zu oft verprügelte, könnte allerdings ein Hinweis darauf sein, dass ich es vielleicht auch anders geschafft hätte, meiner Stimme Nachdruck zu verleihen. Aber ich wählte den Witz.

Ja, so in etwa, und das ist nur ein kleiner Auszug, bin ich mit sechs älteren Brüdern aufgewachsen. In einem Verbund, in dem nicht nur Hof-typische, Dorf-typische und modifiziert christliche, sondern auch in gewisser Form strukturiert konservative Traditionen vorherrschten. Sie bestimmten alters- und geschlechtsunabhängig nicht nur unser aller damaliges Leben, sondern formten uns dermaßen, dass sie bis zum heutigen Tage größten Einfluss auf unsere wichtigen und weniger wichtigen Entscheidungen nehmen. Auch in unserer Kindheit haben wir, selbst als kleine heranwachsende Hirne, nicht nur blind drauflosgestritten, sondern immer die Fairness gesucht und diese, sooft es ging, dem verrückten Entscheidungswettstreit beim Billard, Tischtennis, Basketball und Wrestling vorgezogen – das haben unsere Eltern uns so beigebracht. Beispielsweise durfte immer der- oder diejenige die neue Couch fürs eigene Zimmer zuerst aussuchen, der oder die das kleinste Zimmer bewohnte.

Derjenige, der an dem Tag den härtesten Job auf dem Hof übernommen hatte, durfte das größte Schnitzel essen. Und diejenige durfte die coolen Sticker aus der „Bravo“ mopsen, die am lautesten nerven konnte. Das war dann meistens ich. Nur wenn es keine äußeren Umstände gab, die Einfluss auf die Verteilung gehabt hätten, wählten wir Billardkugelschleudern und Co.

## EINE LEIDENSCHAFT IST BESSER ALS 3000 JOBS

Für unsere Mitarbeit auf dem Hof, im Garten oder beim Scheren der Angorakaninchen, dem Lieblingshobby meiner Mutter, bekamen wir Kleinen eine Ausgabe der „Bravo“ geschenkt, die uns nicht nur in Sachen Arbeitslohn aufklärte. Später kam dann tatsächliche Bezahlung für Hofarbeit hinzu. Wir durften, wie man es aus Erzählungen der Stadtkinder kannte, deren Eltern in Großraumbüros arbeiteten, Stundenzettel ausfüllen und fünf Euro pro Stunde kassieren. Weil wir aber ein gewöhnlicher Landwirtschaftsbetrieb waren, der neben unzähligen Kühen auch noch etwas weniger unzählige Kinder durchzufüttern hatte, war das bezahlte Stundenkontingent streng limitiert. Wir hatten also eine maximale Anzahl von Arbeitseinheiten, die wir den kapitalistischen Bauern – meinen lieben Eltern – in Rechnung stellen durften. Anfangs war das toll und eine ausgesprochen gut funktionierende Motivation für die anstrengende Hofarbeit, aber irgendwann, als die ersten Konzerte, Festivals und weite, kostspielige Autofahrten anstanden, suchte ich externe Jobs. Ich arbeitete bei IKEA, in einer Pizzeria und später auch auf anderen Höfen. Bei IKEA in der Lagerlogistik konnte ich meinen zu Hause erlernten Umgang mit einer Männerdomäne hervorragend einsetzen. Bereits nach wenigen Tagen war ich mit der nahezu ausnahmslos männlichen Belegschaft per Du, nicht nur wörtlich, sondern auch im Geiste. So sehr, dass mich die Lagerleitung nach meiner späteren Kündigung nicht gehen lassen wollte und mit einem attraktiven Angebot lockte. Aber mich zog es doch immer wieder zu den Kühen. Und da mein IKEA es zumindest zu meinen Lebzeiten nicht vorhatte, einen Melkstand in die Produktionsprozesse aufzunehmen, blieb mir nichts anderes übrig, als dort hinzuschmeißen.

In der Pizzeria, in der ich stattdessen fast fünf Jahre lang arbeitete, wurde auch nicht gemolken, und so landete ich schließlich auf dem Hof bei Bauer Heinz. Jenem Bauern, der im Schubsen noch schlechter war als darin, bei unserer ersten Begegnung sein seit Jahrzehnten vorherrschendes Rollenbild auf dem Hof aufzugeben. Obwohl ich meinen Job an einem mir fremden Melkstand sehr gut machte, und das direkt von Anfang an.

Ich verstehe Bauer Heinz aber gut. Besonders im fortgeschrittenen Alter fällt es Menschen nicht leicht, sich mit – für sie vielleicht im ersten Moment alarmierenden – Veränderungen zu konfrontieren. Menschen, die ihr Leben lang, ohne es wertend zu meinen, strukturell festgefahren gelebt, den Hof über Jahrzehnte hinweg immer auf dieselbe, für sie funktionale Weise geführt und die Gebräuche, die Traditionen von ihren Vorvätern übernommen haben. Und wer bitte sind wir, dass wir uns einbilden wollen, schlauer zu sein als die zig Generationen vor uns? Aber, und das ist ein gewichtiges Aber: Es gibt Möglichkeiten, sowohl die Traditionen unserer Ahnen zu erhalten als auch unsere Modifikationen darin einzuweben. Mehr noch: In vielen Fällen ist diese Metamorphose sogar überlebensnotwendig. Denn auch wenn wir Menschen im Allgemeinen uns nicht essenziell verändert haben mögen und unsere Grundbedürfnisse noch dieselben wie die unserer Ururgroßmütter sind, haben mindestens der technische Fortschritt und das gesamtgesellschaftliche Upgrade Rahmen geschaffen, in die teils jahrhundertealte Traditionen gepresst werden müssen. Nicht, um sie bis zur Unkenntlichkeit zu verändern und sie somit in die Irrelevanz abzuschieben. Nein, ganz im Gegenteil: um sie zu erhalten. Wir müssen also etwas ändern, wenn wir wichtige Traditionen behalten wollen.

# BAUER SUCHT FRAU – MEIN WEG ZUM NEUEN HOF

Martin habe ich während meines Studiums der Agrarwissenschaften kennengelernt, natürlich auf einem Hof, wo auch sonst? Er machte seine Ausbildung in dem Betrieb, in dem ich nebenher jobbte. Und wenn man ein halbes Jahr am selben Melkstand verbracht hat, ist eine daraus entstehende Liebesbeziehung nur noch eine Frage der Zeit, lautet eine Bauernweisheit, die ich soeben erfunden habe. Das passierte dann auch uns, gegen Ende meines Studiums, und es war diese eine glückliche Schicksalswendung, die mich von einem Bauernhof auf den nächsten katapultierte. Denn das Studium selbst hatte ich schnell und mächtig satt. Aber dazu später mehr.

All das war nicht ganz so vorhersehbar, wie es sich heute anhört. Bevor ich Martin traf, hatte ich über Jahre gezweifelt, ob das, was ich bis dahin studiert, gedacht und gehofft hatte, überhaupt das Richtige wäre. Dass ich den Hof meiner Eltern nicht übernehmen würde, war von Anfang an klar, da hatte ich mir nie Illusionen gemacht. Als Jüngste hätte ich sieben Menschen bestechen müssen, um den Hof zu erben. Das waren drei Familienmitglieder mehr, als es bei Prinz Harry sein müssten, wollte er den Thron heute besteigen. Wer soll denn das bitte schaffen? Also stand es vollkommen in den Sternen, ob ich jemals einen landwirtschaftlichen Betrieb leiten würde. Zudem war mein damaliger Freund ebenfalls angehender Akademiker und konnte sich seine Zukunft auf einem Bauernhof nur dann vorstellen, wenn er irgendwann als Kuh wiedergeboren würde.

Wozu studierte ich dann überhaupt, was ich studierte? Der Gedanke machte mich fertig, und ich zweifelte, ob es überhaupt eine gute Idee gewesen war, diesen Fachbereich gewählt zu haben. In meiner Hilflosigkeit rieten mir meine Eltern sogar, auf die Fachhochschule zu wechseln, weil es dort, wie sie fanden, praktischer orientierte Studierende gäbe, die einen Bauernhof auch schon mal von innen gesehen haben dürften. Ich bedankte mich für den Ratschlag, blieb jedoch an der Uni. Hoffte aber bei jedem Heimatbesuch am Mittagstisch, wenn mein Vater mal wieder zu einem längeren Monolog ansetzte, dass er mir nun nicht verklickern wollte, mich bei „Bauer sucht Frau“ angemeldet zu haben.

Solche Sendungen gibt es immerhin nicht umsonst. Hoferbe, Nachfolge und ähnliche Fragen haben für Bauern eine ganz besondere Bedeutung. Und das liegt nicht zuletzt an den traditionellen Strukturen, die solche Regelungen seit Generationen bestimmt haben. Noch bis vor Kurzem wäre es undenkbar gewesen, seinen Hof einer Tochter zu überlassen oder einem Sohn, der, sagen wir mal, in wilder Ehe lebte oder so. Blieb man als Bauernsohn zu lange Single, wurde man nicht nur von den übrigen Dorfbewohnern kritisch beäugt, sondern auch von den eigenen Eltern, die mit schöner Regelmäßigkeit auf den Missstand hinwiesen. Dann wurde ein unverheirateter dreißigjähriger Bauernspross von den Eltern schon mal gezwungen, auf fremden Hochzeiten wenigstens den Strauß zu fangen, um mal einen Anfang zu machen. Zu groß war die Sorge der Eltern, den Hof in den nachfolgenden Generationen zu verlieren. Dieser gesellschaftlichen Schande wollte man sich als stolzer Landwirt nicht aussetzen.

Heute sieht man das Ganze entspannter, und bei mir ist ja damals alles gut ausgegangen. Ich hatte meinen Martin samt Heiratsplänen noch vor dem Uni-Abschluss in der Tasche.

Und obwohl wir beide denselben Studiengang absolviert haben, gehört der Hof offiziell meinem Mann. Ja, so ungerecht ist die Bauernhof-Genderverteilung in Deutschland, wenn der eigene Mann der Sohn seines Vaters ist. Genauer gesagt wurde der Hof in der Uckermark erst dieses Jahr von seinem Vater auf meinen Mann überschrieben. Eine Tradition – eine männliche Tradition, wenn man so will. Aber auf die Rollenverteilung auf dem Bauernhof komme ich später noch ausführlicher zu sprechen.

## DIE SCHÖNE UCKERMARK

Als Martin mir damals erzählte, dass Merkel und er aus der Uckermark kämen, wusste ich überhaupt nicht, was er damit meinte.

„Das Wort hast du doch gerade erfunden, oder?"

„Was, ‚Uckermark'? Nein, die gibt es wirklich. Es ist eine historische Region im Nordosten Deutschlands, die sich hauptsächlich im Bundesland Brandenburg erstreckt. Die Uckermark war im Mittelalter umkämpft und wechselte mehrfach die Herrschaft zwischen den Markgrafen von Brandenb…"

„Halt!"

„Was?“

„Wieso hörst du dich bitte an wie Wikipedia? Willst du mich beeindrucken oder was?“

„Ja.“

„Brauchste nicht. Ich find dich auch so gut.“

„Okay.“

Martin und ich lernten uns ja im Melkstand kennen. Bei dem Betrieb, bei dem ich neben dem Studium arbeitete und er sein erstes Lehrjahr machte. Mehr noch: Martin war sogar mein Lehrling damals. Jeden Nachmittag haben wir zusammen gemolken und täglich drei Stunden geschnackt. Nach einem halben Jahr – ihr ahnt es schon – kam dann die Liebe. Wie in einem guten bis sehr guten Schnulzendrehbuch, nicht wahr? Na ja, und dann sind wir irgendwann natürlich auch seine Familie besuchen gefahren.

Kennengelernt habe ich die beiden Schwiegereltern schon vorher – auf einer Rinderschau, wo sonst. Das ist so eine Art Schönheitswettbewerb, nur mit Kühen. Die werden da alle gestriegelt, gewaschen, gekämmt und zum Betrachten zur Schau gestellt. Fast so, wie es bei den Menschen abläuft, nur ohne Wettbewerbe mit nassen T-Shirts. Obwohl ja genug an Eutern vorhanden wäre. Rinderschau – Sachen gibt es …

Jedenfalls fand ich das damals ziemlich passend. Denn mich konnten seine Eltern gleich mal schön mit betrachten. Und als wir dann zum ersten Mal in der Uckermark ankamen – das war mitten in der Nacht (wegen der Zeitverschiebung Richtung Osten; Spaß, wir haben einfach aus Zeitnot so geplant) –, konnte ich den Hof da im Dunkeln nur ein bisschen erahnen. Aber das war schon beeindruckend. Am nächsten Morgen kriegte ich meinen Mund kaum noch zu, denn da sah ich erst den gesamten Hof. Als alte Landwirtschaftliche Produktionsgenossenschaft (LPG), ein Begriff aus DDR-Zeiten, war das für meine Verhältnisse ein Riesengelände. Man konnte nicht einmal das Wohnhaus zwischen den Ställen erkennen, weil es ursprünglich auch gar nicht als Wohnhaus geplant war. Das war anfangs seltsam, kannte ich aus Schleswig-Holstein doch nur diese süßen, teilweise chaotisch nach links, rechts, oben und unten ausgebauten Bauernhäuser mit den Ställen daneben. Hier wirkte alles geordnet. Hier wirkte alles geplant. Als hätte hier jemand Planlandwirtschaft betrieben, haha.

Alle Bauten standen in eine Himmelsrichtung ausgerichtet, überall war ganz viel Beton und nicht ein einziger Backstein, die ich seltsamerweise viel doller vermisste als nötig, denn mein Geburtsbauernhaus war voll davon. Die Größe des Betriebs haute mich ziemlich um, und ich erahnte, wie immens die Strukturen in der DDR gewesen sein müssen. Hier hätten wir massenhaft Platz für alles – das hätte ich gedacht, wenn ich damals schon gewusst hätte, dass wir diesen Hof eines Tages mal übernehmen würden. Und dass es mit Martin und mir immer ernster werden würde. Die alten Hofstrukturen kann man übrigens im ganzen Dorf noch erkennen, doch die meisten wurden bereits längst zu irgendetwas anderem umfunktioniert.

Den allerersten Tag in der Uckermark begann ich damit, mir die Umgebung ein bisschen genauer anzuschauen (man weiß ja nie, ne?), und endete Reifen schleppend am Silo. Davon war ich selbst total überrascht, aber jetzt wurde mir auch klar, warum Martin mir vorher gesagt hatte, ich solle ein paar Arbeitsklamotten einpacken. Offenbar ist es im Osten Tradition, die künftige Braut des Sohnes noch vor dem allerersten Abendessen auf ihre Reifenschleppfähigkeiten zu testen. Das war schon ein bisschen ungewohnt, muss ich sagen, aber irgendwie auch in Ordnung. Ja, warum eigentlich nicht? Wenn meine älteste Tochter eines Tages ihren ersten ernsten Macker anschleppt, werde ich ihn direkt zwingen, 'ne Kuh zu besamen. Auch wenn er aus der Stadt kommen sollte. Boah, war das jetzt doppeldeutig. Also, ihr wisst, wie ich das meine.

Jedenfalls war ich geschockt von der Schönheit der Gegend. Der riesige Hof. Die weiten Wiesen, alle voll mit Kühen. Der Ort ist ein wenig höher gelegen, und so konnte ich vom Hof aus den Uckersee sehen. Und das Wasser reflektierte die Sonne, sodass sie mir direkt ins Gesicht schien. Wahnsinn. Auch dieses Klima. Ganz anders. Ich weiß, das klingt jetzt bescheuert, aber die Wolken sahen irgendwie ... dreidimensionaler aus. So plastisch.

Das mit dem Klima sagen selbst meine Eltern, wenn sie uns heute besuchen kommen. Mein Vater meint dann immer, es würde sich hier gar nicht lohnen zu rauchen. So gut ist die Luft, dass man jeden Atemzug horten sollte. Es ist heißer hier und auch trockener als in Schleswig-Holstein. Daher bauen wir auch Luzerne an, als Grünfutter für unsere Kühe. Wir haben zwar auch Weidegras von der Stange, aber das würde wegen der Trockenheit niemals über den Winter reichen. Und wir sind so dankbar für diese Luzerne. Sie ist für unsere Zwecke eine Wunderpflanze, und dann ist es auch noch eine Leguminose dazu. Also eine Hülsenfrüchtlerin quasi. Das heißt, sie bindet den Stickstoff aus der Luft und fixiert ihn im Boden, wodurch er wesentlich fruchtbarer wird. Das ist für einen Biohof wie geschaffen. Eine geniale Erfindung von Gott. Oder halt von Darwin. Je nach Glaubensrichtung.

## 'N ABEND, MÄDCHEN, WER BIST'N DU?

Jetzt lebe ich schon seit 2021 in der Uckermark und fühle mich angekommen. Zwar bin ich noch vollkommen orientierungslos und frage mich permanent nach dem Weg durch (also hauptsächlich bei Google), aber ich fühle mich hier zu Hause. Das erste Jahr allerdings war richtig schwer. Ich hatte noch häufig Heimweh und war einfach traurig, dass ausgerechnet Martins Eltern einen Hof in der Uckermark haben mussten. Ich wette, Joachim Sauer, Angela Merkels Ehemann, hätte ähnlich empfunden, hätte er die Ex-Kanzlerin im Melkstand kennengelernt und wäre zu ihr in die Kirche gezogen. Ihr Vater war, glaube ich, Pastor, oder? Die leben ja vermutlich in Kirchen.

Jedenfalls sind wir am Anfang noch häufig nach Schleswig-Holstein gefahren, um mein Heimweh zu lindern und von meinem Vater Melonen-Tipps einzuholen. Warum Melonen-Tipps? Das erfahrt ihr später. Damals, kurz nach dem Umzug, idealisierte ich meine alte Heimat regelrecht. Kaum wohnte ich nicht mehr dort, kam mir das Schleswig-Holsteiner Gras direkt grüner vor, die Heimatwälder sauerstoffreicher und die Menschen dort schöner. Ich konnte mich zu Beginn mit der Uckermark einfach nicht richtig identifizieren, und die direkte Art der Menschen hier machte es mir nicht leichter.

„Mädchen, du bist nicht von hier, oder?“, hörte ich dort gefühlt Millionen Male in den ersten Monaten.

„Nee, aus Schleswig-Holstein bin ich.“

„Ah, wusste ich's doch gleich.“

„Warum, an meinem Dialekt erkannt?“

„Nee. Keiner ist hier so offen beim ersten Kennenlernen. Aber du bist für einen Wessi auch ganz schön entspannt.“

„Aha.“

„Und dein ‚Moin‘ am Abend hat dich auch verraten.“

„Wat? Wieso? Dat is doch korrekt … Dat kann man doch sagen, wann man will.“

Das dachte ich damals. „Wessi“. So hatte mich vorher noch niemand genannt. Die Uckermärker an sich sind ganz schön harte Nüsse. Martin und ich lebten ganz am Anfang, als wir den Bauernhof noch nicht beziehen konnten, vor Ort in einer Wohnung. Unsere Nachbarn waren dermaßen verhalten, dass wir sie peu à peu weichkochen mussten. Wir mussten quasi beweisen, dass wir bleiben wollten, dass wir hierher gehören. Und so schwätzte ich mit allen um die Wette, und irgendwann fingen sie an, uns zum Kaffee ins Haus zu bitten oder auch Marmeladengläser und Gemüse von der Ernte an unseren Zaun zu hängen. Und sich über den Plausch am Gartenzaun mit uns zu freuen. Das hieß dann, wir waren dort angekommen.

## OPIUM FÜRS VOLK

Ein besonderer Aha-Moment für mich war zu Beginn diese „Wessi“-Sache. Beziehungsweise der noch immer bundesweit nachhallende Ost-West-Konflikt, der sich auch hier bemerkbar machte. So bewusst wie in jenen Monaten war mir das niemals gewesen. Ständig fand ich mich in Gesprächen über die DDR-Zeiten wieder, und nicht selten hatte ich das seltsame Gefühl, mich für irgendetwas entschuldigen zu müssen. Deutschen im Allgemeinen ist der Schuldgedanke ja nicht unbekannt, aber diese Richtung war neu. Für mich jedenfalls. Das mag für den einen oder anderen komisch klingen – und auf diesem Stand war ich vorher ja auch. Aber das, was ich vor meinem Umzug über die DDR gewusst und gehört hatte, entsprach nur ganz bedingt den Erfahrungen der hiesigen Leute. Und das ist vermutlich noch diplomatisch ausgedrückt.

Nicht mal die Ungerechtigkeiten zu Wende-Zeiten oder was auch immer waren mein größtes Problem. Sondern ich fühlte mich ganz konkret schuldig, weil ich in der Vergangenheit arrogant und ignorant über den Osten gesprochen hatte. „Die da im Osten, die haben ja ein mieses Leben. Wie können die überhaupt dort bleiben wollen, es ist ja so furchtbar. Warum fliehen die nicht einfach alle?“ So einen ignoranten Schwachsinn hatte ich damals gedacht. Basierend darauf, was die meisten damals von sich gaben, aber dennoch. Die Menschen hier verbrachten in der DDR ihre Kindheit, erlebten ihre erste Liebe, gründeten Familien und lernten Dinge, die wir nicht lernen mussten.

Meine Schwiegereltern sogen diese Zeit und die ganze Lebensart dermaßen auf, dass sie ganz besondere Fähigkeiten entwickelten. Auch eben, um im damaligen System klarzukommen. Ich kenne niemanden im Westen, der so kreativ reparieren und flicken kann wie die beiden. Denn sie hatten nicht siebenhundert verschiedene Schrauben, Dichtungen für jede mögliche Öffnung oder zugesägtes und etikettiertes Holzmaterial in jeder erdenklichen Größe. Die Menschen im Osten mussten wegen des – sagen wir mal – stark rationalisierten Angebots viel mehr selbst konstruieren und ihr Improvisationstalent an die Oberfläche holen. Und ja, es gibt sogar noch einige hier im Umkreis, die sich in die alte Zeit zurücksehnen. Vielleicht auch wegen des ganzen Thrills, Dinge wegen gewisser Mängel selbst und auf ausgefallene Art regeln zu können. Wie auch immer: Zu behaupten, dass alles hier damals schlecht war und die Menschen ein furchtbares Leben hatten, ist aus meiner heutigen Sicht einfach anmaßend. Und nein, meine Einschätzung verhöhnt die Opfer des damaligen Systems keinesfalls.

Hier im Osten ist irgendwie alles anders. Nehme man zum Beispiel das Rathaus von Prenzlau. Wunderschöne alte Backsteine und die alte gotische Architektur. Davor riesige Blechblumenkübel in grellem Pink, Blau, Grün, Gelb – Gott, fand ich das damals hässlich! Und heute zeige ich sie jedem mit Stolz und denke: Ja, hier ist es halt so. Und wenn du die Schönheit nicht gleich erkannt hast, dann schau halt ein bisschen länger hin. Denn das musste ich auch, bis ich es sah. Besser gesagt, bis ich es verstanden habe. Denn die Mentalität ist hier eine andere, so wie die Erwartungen der Menschen. Die Gärten sehen nicht alle gleich aus, und das müssen sie auch nicht. Die Hecke muss nicht überall mit der Wasserwaage ausgemessen und gleichmäßig geschnitten worden sein, die Rasen nicht superordentlich gemäht. Ist der Rasen nicht getrimmt? Schön – dann kommen die Mohn- und die Kornblumen erst so richtig zur Geltung. Das hat Charakter. Das hat Diversität, nicht wahr? Da hat doch einer der Nachbarn tatsächlich weiße Betongehwegplatten mit blauen Glaskieselsteinen umrandet … Sollte ich direkt Anzeige erstatten, wegen „unfassbarer Hässlichkeit"? Nein! Auch wenn es nicht mein Geschmack ist, bei dir vor dem Haus passt das wunderbar. Jede Zufahrt hier, jeder Garten ist irgendwie die eigene kleine Freiheit. Das habe ich verstanden. Hier ist man anders frei als in Schleswig-Holstein. Zumindest als in dem kleinen Kosmos um Steinburg herum, wo ich aufgewachsen bin. Wenn man dort jemanden hat sagen hören: „Der Garten wurde aber lange nicht mehr gemäht", dann wusste jeder aus dem Dorf sofort Bescheid, wer damit gemeint war. Und wenn zudem die Hecke desjenigen nicht ordnungsgemäß geschnitten wurde, dann wurde selbst der Bürgermeister allmählich nervös.

Und hier sticht so etwas einfach niemandem ins Auge, denn jeder Garten sieht anders aus. Vollkommen individuell. Und dennoch schaffen es die Uckermärker, eine Gemeinschaft zu sein. Welch ein erstaunliches Wunder, nicht wahr? Jeder hat irgendwas irgendwo drangezimmert, vielleicht sogar aus Resten. Und das sieht nicht provisorisch oder gar hässlich und ungepflegt aus. Nein, ganz im Gegenteil! Es wird hier nur anders an die Dinge herangegangen, eben kreativer, wie schon gesagt. Praktisch jeder hat seine eigene Konstellation an Kleintieren zum Schlachten und seinen eigenen bunten Gemüsegarten. Nichts ist wie bei den Nachbarn, und selbst die Pfingstrose gehört eindeutig zu der jeweiligen Familie. Weil sie, auf eigene experimentierfreudige Weise gezüchtet, ganz individuell aussieht. Und diese individuelle Freiheit äußert sich, trotz anfänglicher Vorsicht der Menschen hier, auch im Umgang miteinander.

Wenn ich jetzt meine Eltern besuchen fahre, staune ich. Ich staune gar nicht über die gleich aussehenden Gärten, die akkurat geschnittenen Hecken und den geschorenen Rasen, dessen Halme nie länger sein dürfen als die Haare des mittleren Sohnes der Familie, die dort wohnt. So lebt man es halt, so will es die dortige Gemeinschaft. Und an beiden Ansätzen ist nichts Verkehrtes dran. Es ist nur die umgekrempelte Wahrnehmung, meine Wahrnehmung, über die ich so staunen muss. Niemals hätte ich früher gedacht, dass man innerhalb eines Landes so unterschiedlich leben kann. Nicht auszudenken, wenn ich mal ins Ausland ziehen müsste. Wie sehen die Hecken wohl in Pakistan aus?

## MEINE GEHEIME BADESTELLE

Nicht nur die Gärten, die Höfe und die Menschen in der Uckermark sind besonders. Noch nie zuvor habe ich in so klarem Wasser gebadet wie hier. Der Uckersee. Und der ist nur fünf Minuten von uns entfernt. Das Wasser ist herrlich erfrischend und vielleicht sogar ein bisschen nasser als anderswo. Bilde ich mir zumindest ein. Und da ist unser See hier kein Einzelfall. Rund dreihundert gibt es allein in Brandenburg. Die Wasserqualität ist natürlich von See zu See ein wenig anders, aber im Wesentlichen hervorragend. Und sollte hier ein Reisebüro mitlesen, kann es mich gerne zwecks Werbekooperation kontaktieren.

Nein, unser See ist wirklich großartig, und wir haben (oder eher hatten) da eine kleine geheime Familienbadestelle, die wir nutzen. Unser Minisandbadestrand ist vielleicht gerade mal sechs Meter breit, und er wird von den Menschen aus dem Dorf jedes Jahr aufs Neue mit frischem Sand versorgt und sauber gehalten. Lange war er unser exklusives Refugium. Doch mittlerweile tauchte diese Badestelle sogar in Reisemagazinen für vornehmlich englischsprachige oder anderweitig „wichtige“ Touristen aus der Hauptstadt auf. Und daher ist hier im Sommer immer mehr los. Dann ist zwar alles ein bisschen enger, aber wir haben immerhin auch was zu gucken.

Berliner sind ja so viel anders als wir. Letztens hatte einer einen Beamer dabei, um unterwegs den Cricket World Cup verfolgen zu können. Er koppelte das kleine Ding (ich wusste gar nicht, dass es mittlerweile so etwas gibt) an sein Handy und streamte auf einen Baum. Ich glaube zwar nicht, dass er etwas erkennen konnte (hat wahrscheinlich vergessen, dass Bäume nicht glatt und weiß sind), aber es war ihm halt wichtig, dass alle anderen wussten, dass er, Sören junior, Cricket liebt. Jeder so, wie er möchte, ich fand es jedenfalls lustig.

Auch im Winter ist es hier in der Uckermark wunderschön. Es ist eher kalt, und manchmal liegt auch Schnee. Und wenn wirklich Schnee liegt, dann wird für unsere Kinder (und mich) alles um uns herum zu einer riesigen Schlittenpiste. Im See baden wir im Winter dann nicht, da kann er noch so klar und wunderschön sein.

Auch unser Hof liegt im Winter im Tiefschaf. Die Tage sind kurz, und die Kühe bleiben im Stall. Der Boden auf der Weide ist nass, und das Gras wächst nicht mehr. Die Kühe würden mit ihren sechshundert Kilo pro Tier die Koppel unter Winterbedingungen kaputt treten. Daher haben wir in der kalten Jahreszeit eine ganz eigene Routine. Es wird viel repariert und instand gehalten. Auch die Äcker sind im Winterschlaf, wenn man von der spärlichen Winterbegrünung absieht, die auch nur deshalb existiert, damit der Boden bedeckt ist und die Wildtiere Futter haben. Reine Ackerbauern fahren im Winter gerne in den Skiurlaub, weil sie im Sommer nicht wegkönnen. Was sollen sie im Winter auch sonst machen? Zum hundertsten Mal die Maschinen einfetten und Mitarbeiter mit alten Witzen belustigen? Unsere Kühe halten uns aber auch im Winter auf Trab. Da ändert sich bis auf den Weideauslauf nicht viel. Nur dass wir, anstatt wie im Sommer zusätzlich noch mit der Ernte beschäftigt zu sein, viel im Büro herumhängen. Oder ein Buch schreiben. Ansonsten ändert sich wenig. Ach ja, vielleicht noch, dass Kühe im Winter leckere Eiscreme geben statt Milch. Wenn man sie dafür richtig füttert.

## ES IST NICHT ALLES BIO, WAS LEBT

Wir haben 320 Kühe und vier Kinder. Stellt euch mal vor, es wäre genau andersherum! Krass wäre das, aber nein. 320 Rinder haben wir. Und damit gelten wir hier in der Uckermark als ein kleiner Familienbetrieb. In Schleswig-Holstein wären wir damit ein Riesenunternehmen. Warum das so ist? Na, weil die Familienbetriebsstrukturen unter der Kollektivierung in der DDR aufgebrochen wurden und die Betriebe ihre danach aufgebaute Größe in weiten Teilen bis heute erhalten haben. Ein Hof mit 3000 Kühen ist hier keine Seltenheit. 3000 Kühe, stellt euch das mal vor. Da bräuchte man ja zehn Annemaries, um die alle zu melken. Mindestens fünf davon würden, wie ich die Annemaries kenne, Instagram-Videos machen und sich permanent in die Quere kommen. Nee, das wäre natürlich ein Chaos.

Jeder dieser Riesenbetriebe hat auch einen eigenen Drescher und andere große Maschinen, weil sie ausreichend Fläche dafür haben. Ja, die Flächen sind gigantisch, und doch gibt es so wenig Knickhölzer. Martin und ich wollen welche hier etablieren, zumindest auf unserem Boden. Denn es ist ein toller Boden. Und ich bin meinen Schwiegereltern unendlich dankbar, dass sie sich damals dazu entschieden, genau diesen Weg zu bereiten, den der Biohof Paulsen gerade geht. Vor acht Jahren standen Viola und Hans-Jürgen vor der Frage: Werden wir größer, oder machen wir „Bio"? Und beim Vergrößern reden wir nicht von „ein bisschen", sondern es hätte das Doppelte an Betriebsarbeitsfläche sein müssen. Mit ihrer Entscheidung für „Bio" haben sie Martin und mir einen Weg geebnet, der es uns ermöglicht, zukunftsorientierter zu wirtschaften und gleichzeitig mehr Geld für Getreide und Milch zu bekommen. Und das ganz ohne Vergrößerung oder sonstige wesentliche Umbauten. Und diese Umstellung auf „Bio“, die trotz allem alles andere als leicht war, sind Martins Eltern mutigerweise gegangen. Damit ihr Sohn mit seiner Familie nachhaltiger arbeiten kann.

Wir als Biohof leiden nicht ganz so stark wie konventionelle Landwirte. Unsere Biomilch wird relativ national vertrieben, und das konstant. Wir haben im Vergleich zu den anderen kaum Fluktuation im Preis und in der Absatzmenge. Dennoch – und das finde ich interessant – trauen sich so viele Landwirte noch heute nicht, auf „Bio“ umzusteigen. Andererseits würde es, wenn es viele davon gäbe, natürlich auch unsere Marktposition völlig verändern.

Zum Umstieg gehört jedenfalls so einiges dazu, es ist ja nicht nur die Milch. Die Maschinen, die Weide, alles muss anders werden. Zunächst mal muss das Tierfutter vollökologisch angebaut werden, also auch frei von Gentechnik sein, um das Bio-Siegel zu kriegen. Die Kühe müssen zum einen mehr Platz pro Tier im Stall haben, und zum anderen muss der Auslauf aller Tiere zu unüberdachten Plätzen gewährleistet sein, auch im Winter. Die Medikamentierung wird strenger beobachtet, wie auch die medizinische Behandlung der Tiere im Allgemeinen. So dürfen Kühe auf einem Biohof etwa nur eine bestimmte Anzahl an Behandlungen während bestimmter Perioden gehabt haben und Ähnliches. Zudem geht so eine Umstellung auf „Bio“ ja nicht von heute auf morgen. Sie dauert in der Regel zwischen achtzehn Monaten und drei Jahren und läuft so ab, dass man zunächst dem zuständigen Verband freiwillig beitritt, dann einen Umstellungsplan aufstellt und erst danach den kompletten Futter- und Ackerbau auf ökologischen Anbau umstellt. In der Zwischenzeit, also in der Umstellungsphase, darf man noch nicht die Preise für ökologische Produkte verlangen und verkauft trotz teilweiser Umstellung immer noch konventionell. Erst nach der ganzen Umstellung und verschiedenen Prüferbesuchen und (auch unangekündigten) Bio-Kontrollen bekommt man das ersehnte Siegel und darf sich freuen, die Primärproduktion nun als „Bio" zu vermarkten. Die Überraschungsbesuche (deswegen habe ich immer Kaffee und Kekse da) hören auch nach der Umstellung niemals auf, sodass die Behörden sicher sein können, dass unsere Milch nicht nur super schmeckt, sondern auch die Voraussetzungen für „Bio" noch alle erfüllt werden. Und nicht immer liegen diese Voraussetzungen in der eigenen Hand. Mein Bruder in Schleswig-Holstein beispielsweise wirtschaftet zwar konventionell, treibt seine Kühe aber auch auf die Weide. Das müssen konventionelle Betriebe nicht tun, manche handhaben es aber so. Das allein reicht natürlich nicht aus, um umsteigen zu können. Es ist eine ganze Kette an Voraussetzungen, die notwendig sind, um einen Biohof zu betreiben, und die kann nicht jeder Hof gewährleisten. Daher steigen noch so wenige um. Meine Schwiegereltern haben es gekonnt und sich getraut, Gott sei Dank. Auch für unsere Kinder. Dennoch müssen auch wir mit zunehmenden Krisenzeiten und stetig steigenden Zweifeln umgehen.

# KINDER, RINDER UND MASCHINEN

Ja, mein Mann und ich haben Kinder. Zwar sind wir bisher nur bei der Hälfte des Ertrags meiner Eltern angelangt, aber der Abend ist ja noch jung, und wir stehen in der Pflicht, Traditionen weiter zu pflegen. Tatsächlich weiß ich natürlich nicht, ob wir jemals an meine Eltern herankommen werden, aber viele Bauernkinder mit kräftigen Bauernkinderarmen zu haben ist für Landwirtschaftsbetriebe niemals verkehrt. Zumindest für diejenigen, die von Eltern geleitet werden.

Nur zu gut erinnere ich mich daran, wie wir acht Heuer-Sprosse in der Schleswig-Holsteiner Heimat neben den täglichen Hofarbeiten wie Melken, Misten und Fegen der Haupternte entgegenfieberten. Das ganze Jahr über haben wir von nichts anderem gesprochen und voller Vorfreude darauf die Tage gezählt ... Schade, dass man Ironie schriftlich nicht so gut wiedergeben kann, denn in Wirklichkeit war das eine unfassbar anstrengende und nervige Kiste mit dieser Strohballenernte. So eine üble Full-Pull-Aktion halt.

Stroh ist das, was nach dem Dreschvorgang übrig bleibt, und will jedes Jahr vom Feld eingesammelt, transportiert und gelagert werden. Am besten in einer Scheune, bei brüllender Hitze und unterm Dach. Wäre ja albern, wenn es irgendwo in einem klimatisierten Erdgeschosslager direkt neben dem Feld untergebracht werden würde. Und so war mein Vater froh, für solche Arbeiten auf viele Kinder, die dann auch noch praktischerweise altersgestaffelt waren, zurückgreifen zu können.

## FLIEGENDE STROHBALLEN

Mein Bruder Karsten fuhr immer das Fahrzeug, das das Stroh zu handlichen Paketen schnürte (handlich waren die Pakete tatsächlich nur, wenn man zufällig ein Riese war) und effektvoll durch die Luft in Anhänger schleuderte. Damals waren es noch sehr kleine Anhänger, heute sind diese Dinger riesig. Und so wurden die Ballen wie MAOAM-Päckchen im Hänger gestapelt und auf den Hof kutschiert. Dort warteten schon die übrigen Geschwister motzend darauf, die Strohmassen zu entladen.

„Hey, Annemarie, fang!“, schrie es von oben herab.

„Fpinnstu Alfa, ich haf doch mein Butterbrot nof gar nif aufgegeff…!“

Noch bevor ich zu Ende brüllen konnte, klatschte der riesige Heuballen neben mir auf, denn Henning war bereits oben auf dem Hänger und spielte Kleine-Geschwister-Abwerfen. Die zwei ältesten Brüder kletterten immer zuerst auf den Turm, dessen Spitze meist vier bis fünf Meter vom Boden entfernt war – immerhin nicht ganz so weit wie vom Himmel –, und schmissen die Ballen nach unten. Die Großen hatten auf dem hohen Turm keine Angst, weil sie ja größer waren als wir und sich beim Fallen genau so oft überschlagen würden, dass sie exakt auf den Füßen aufkämen. Ähnlich, wie Butterbrote immer auf der Schmierseite landen. Zumindest erzählten sie mir das immer so, damit ich mir keine Sorgen machte. Konnte man beim Abladen irgendwann den Boden des Hängers erkennen, durften wir Kleineren ran, denn dann war die Fallhöhe offenbar perfekt für uns.

Mit Kinderhänden luden wir die kratzigen Ballen auf das Förderband, das sie hinauf zum Strohboden transportieren sollte. Die mühselige Schiebearbeit, um die Strohballen zwischen die Förderbandzacken zu quetschen, hat meistens meine Schwester Wencke erledigt, die sich nach dieser Erfahrung bis heute noch weigert, irgendwelche Dinge zu schieben. Offenbar ein echtes Trauma, das diese Förderband-Arbeit bei ihr auslöste. Wahrscheinlich ist sie deswegen auch keine Kassiererin an der Supermarktkasse geworden, sondern hat sich für den Lehrerberuf entschieden. Ja, Kindheitsereignisse prägen einen mehr, als man meint, erst recht auf einem Bauernhof.

Oben auf dem Strohboden warteten dann die restlichen zwei oder drei Heuer-Kinder, die bei vierzig Grad plus und unter lautem Gefluche die nach oben beförderten Ballen herunternahmen und ordentlich stapelten. Wenn sie in der Arbeitspause mit Handtuch um die Schultern herunterflutschten, sahen sie aus wie seltsam erschöpfte, verschwitzte Urlauber. Nur ohne Panamahut. Irgendwann waren wir fertig, und während der Traktor wieder zum Feld unterwegs war, um neuen Strohstoff zu besorgen, spielten wir Tischtennis und zählten unsere Wunden, die das getrocknete Zeug in Form von Kratzern, Rissen und blauen Flecken bei uns hinterlassen hatte.

In diesen ganzen Erntejahren hat mein Rücken mehr vom Wagen herabfallende Strohballen abbekommen als

Hulk Hogan Schläge in seiner gesamten Karriere. Ich kenne mich mit Wrestling übrigens so hervorragend aus, weil meine Brüder riesige Fans waren und viel und oft davon erzählten. Während sie uns Jüngere durch die Luft warfen … Eine knappe Stunde später kam dann jedenfalls immer der nächste Hänger, und das Ganze begann von vorne. Der einzige Unterschied zum vorherigen Entladen war nur, dass wir jetzt wegen der einsetzenden Erschöpfung ein wenig leiser und unmotivierter motzten. Auch mein Vater, der selbst nicht mit ablud, beruhigte uns immer wieder mit den Worten „Es ist nur noch ein Hänger, Leute". Auch wenn noch zwölf weitere ausstanden.

## VON ZIEGENMELKEN UND DENKMUSTERN

Bis heute ist diese Strohballenabladerei in unser aller Hochzeitsreden enthalten. Auch bei jeder Taufe, bei jeder Konfirmation wird sie am riesigen Familientisch nostalgisch wiederholt und wird wahrscheinlich auch bei jeder Scheidung freudig erwähnt werden, sollte es je dazu kommen. So sehr hat sie uns beeindruckt und geprägt. Aber was hat sie uns eigentlich beigebracht? Arbeitsmoral, Disziplin und Gemeinschaftssinn. Beziehungsweise die Einsicht, dass es Dinge gibt, die man als Landwirt nicht auf die lange Bank schieben kann. Und Dinge, die man nur gemeinsam erledigt bekommt, egal wie laut man sich beschwert.

Was mich im Übrigen an unsere bäuerlichen Weihnachtsvorbereitungen erinnert, die viele Jahre lang so ausgesehen haben, dass Vater uns Kinder auf zwei VW-Kleinbusse verteilt ins Schwimmbad verschleppte. Damit unsere Mutter „in Ruhe" und für uns alle das Weihnachtsfest vorbereiten konnte. An den Weihnachtsmann habe ich wegen fieser Spielverderberbrüder von Anfang an nicht geglaubt, an unsere Mutter allerdings schon. Denn sie erledigte alles Weihnachtliche allein, in Rekordzeit, und das Jahr für Jahr. Das bewunderten wir Geschwister so lange, bis wir eines Tages begriffen, dass es ja eigentlich noch bewundernswerter wäre, wenn wir ihr dabei helfen würden. Und so kamen wir auf die revolutionäre Idee, anstatt jedes Mal ins Schwimmbad zu flüchten, sie bei den Feiertagsvorbereitungen zu unterstützen. Auch das war ein Landleute-Novum und einer dieser berühmten Heuer'schen Traditionsbrüche, die ich in meiner eigenen Familie heute fortsetze. Traditionen aufzubrechen ist in unserer Familie zur Tradition geworden, wenn man so will.

Auch meine Kinder sollen lernen, überall, wo es vertretbar ist, mitzuhelfen. Und die Kraft der Gemeinschaft begreifen, denn so funktionieren wir Landmenschen bereits seit Äonen. Allerdings sollen sie nicht, wie einst ich, morgens um halb sechs vor dem Unterricht Ziegen melken oder ihre gesamten Schul- und Semesterferien aufm Acker durchackern müssen. Das sage ich jetzt gemütlich aus der Position einer Mutter von vier kleinen Kindern heraus, während das älteste nicht einmal alt genug wäre, um „Fischgrätenmelkstand" korrekt auszusprechen. Aus der Position einer Mutter mit Anfang dreißig, die altersbedingte Ermüdungserscheinungen ausschließlich aus langweiligen Boomer-Büchern kennt und noch genug Energie hat, um den Hof zu betreuen, für Familie und Kinder zu sorgen, Instagram-Sketche zu drehen, Podcast-Hörer mit dem Thema „Landwirtschaft & Traditionen" zu nerven und jährlich in den Kreißsaal zu fahren. Wer weiß, was ich in zehn, fünfzehn Jahren von meinen Kindern erwarten werde? Vermutlich dann doch dasselbe wie meine Eltern damals von uns. Sollte es dazu kommen, werde ich meinen Kindern aber zumindest empfehlen, immer wieder Auslandssemester einzulegen, um sich in der (für eine Treckertankfüllung) unerreichbaren Ferne von der familiären Hofarbeit (und der Uni selbst) zu erholen. Denn genau das habe ich auch gemacht, und zwar nicht nur einmal.

Doch genau dieses Hofleben, diese wuselige Kindheit, dieses strukturierte Beschäftigtsein haben mich zu der Frau gemacht, die ich heute bin. Auch wenn es unmöglich ist, das Gegenteil zu beweisen, war es vielleicht ausgerechnet das morgendliche und echt ätzende Ziegenmelken, das mich in meinen Denkmustern beeinflusst hat. Diese Ziegen rennen beim Melken ja immer herum, wie hyperaktive, viel zu kleine Kühe mit nur zwei Zitzen. Und dennoch war der routinierte Vorgang an sich so hypnotisch, dass ich dabei über vieles nachdenken konnte. Über Dinge wie Werte, Traditionen und wie man als Dreizehnjährige einen perfekten Ausweis fälscht, um heimlich in die Stadt umzuziehen. Auch meine Mutter sagte immer wieder, dass sie in unserer Kindheit die Melkpausen dazu genutzt hätte, um sich von uns acht minderjährigen Arbeitgebern ordentlich zu erholen. „Natürlich von allen, außer von dir, Annemarie“, sagte sie dann immer dazu, worüber ich mich sehr freute. Allerdings kann ich nicht ausschließen, dass sie diese Einschleimung bei jedem meiner Geschwister genauso äußerte. Außer bei Ingmar vielleicht.

Dieser mit Abstand frechste aller meiner Brüder und mein ärgster Konkurrent in der Kindheit war bereits bei seiner Geburt ein Rebell. Kaum hatte er das Licht der Welt erblickt, soll er unglaublich laut gebrüllt haben. Erzählen jedenfalls die Hebammen bis heute. Als jüngster Sohn der Heuer-Familie – er ist nur ein Jahr älter als ich – durfte der Sack einfach alles, was andere vor ihm nicht durften. Er musste kein nerviges Musikinstrument erlernen, durfte länger wegbleiben als andere und mitten in der Küche vor dem geöffneten Fenster und den erstaunten Augen unserer Eltern rauchen. Dabei galt bei uns die klar formulierte Regel, dass, sollte einer von uns vor der Vollendung des achtzehnten Lebensjahres zu qualmen beginnen, er oder sie den Führerschein schön selbst blechen dürfte. Und das waren zu unseren Zeiten schon ungefähr zweitausend Euro. Dafür hätte ich viele „Bravo"-Zeitschriften auf dem Flohmarkt verkaufen müssen, wäre ich so fahrlässig wie Ingmar gewesen. Aber er hat das gemacht und dennoch den Führerschein finanziert gekriegt. Er ist einfach mit allem davongekommen und hat auf Konsequenzen gepfiffen. Zumindest auf diejenigen, die nicht essenziell waren. Denn so clever, wie er ist, hat er schon als Teenager wichtige Dinge von solchen zu unterscheiden gewusst, die für unsere Eltern grenzwertig, doch verschmerzbar waren. Heute arbeitet er tatsächlich in einer Prüfstelle der Landwirtschaft und schaut anderen Landwirten auf die Finger, dass sie bloß keinen Unsinn machen. Ironisch, oder? Aber ich schweife ab, ich war ja beim Ziegenmelken …

Ich melkte also vor dem Unterricht mit meinen Gedanken um die Wette und war neben Malte, der schon damals ein begeisterter FC-Köln-Fan mit VIP-Pass war und regelmäßig Heimspiele besuchte, die Einzige aus unserer Klasse, die morgens nach Ziege roch. Daher fuhr ich ab der Mittelstufe auch mit dem Trecker zur Schule, um den Ziegengeruch mit dem Dieselgeruch zu überdecken. Aber dazu später mehr.

Meine Kinder, auch wenn sie noch nicht mithelfen müssen, lieben jedenfalls den Bauernhof. Sie haben Unmengen Platz, viele Tiere zum Spielen und Schlachten und permanent frische Luft. Ich weiß, dass sich das mit dem „Schlachten“ erst mal brutal anhört. Das habe ich auch nur so geschrieben, um zu gucken, ob ihr auch alle wach seid … Eine meiner besten Freundinnen, noch aus Studienzeiten und eingefleischte Berlinerin, äußerte mal bei einer dieser lustigen Konversationen, die man nur mit Stadtmenschen führen kann, dass sie ihr Kind „niemals auf dem Land großziehen“ würde. Auf meine verwunderte Nachfrage hin, warum denn nicht, sagte Lea überzeugt: „Na, weil ich will, dass es in Freiheit aufwächst.“

Nachdem ich meinen Lachanfall wieder im Griff und der irritierte Kellner den bei meinem Anblick vorsichtshalber gerufenen Krankenwagen wieder abbestellt hatte, konnte ich nur mit dem Kopf schütteln. „Aber aufm Land ist doch Freiheit!“, rief ich dann prustend aus. „Und zudem gibt es dort keine U-Bahn, keinen Dreck und keinen Stress“, ergänzte ich noch. Sie schaute nur schulterzuckend zur Seite, als würde sie gerade versuchen, sich mit einer Erstklässlerin über aristotelische Topik zu unterhalten. Für sie stand ihr Urteil schon lange fest. Auf dem Land gebe es keine Nagelstudios, beschwerte sie sich, keine Klubs und auch keine U-Bahn. Und außerdem keinen Stress, keinen Dreck und keine freischwebenden Feinstaubpartikel, ergänzte ich in Gedanken. Von welcher „Freiheit“ konnte da also bitte die Rede sein?

In diesem Moment begriff ich, wie unterschiedlich Zugänge zu solch fundamentalen Werten, solch wichtigen Maßstäben wie Freiheit für verschiedene Gesellschaftsgruppen sein können. Während wir also unsere Freiheit mit Dorfkrug, Weinfest, weitem Feld und Lagerfeuer verbinden, sehen andere ihre in der riesigen Auswahl von Klubs und Vereinen, anonymen Apartments und überfüllten öffentlichen Verkehrsmitteln. Und ich meine das wirklich nicht wertend, ich stelle bloß fest. Denn am Ende sind meine Berliner Freundin und ich nur Teil einer eigenen Blase, einer eigenen Gemeinschaft. Und ja – beide Sichtweisen haben ihre Berechtigung.

Es ist, glaube ich, nur unheimlich wichtig zu verstehen, dass, wenn auch dasselbe Ziel angestrebt wird, wie in diesem Fall Freiheit, es unterschiedliche Realisierungswege dafür geben kann. Ja, sogar geben muss. Und genau dieses Wissen hilft uns dabei, wenn wir unseren Dorfältesten zeigen wollen, wie man den Werteerhalt und Traditionen sichern kann. Nämlich eigentlich nur, indem man die starren Strukturen mal aufbricht und die Interessen, Bedürfnisse und Lebensumstände der neuen Landgenerationen berücksichtigt. Denn schaffen wir das nicht, droht auch dem Dorfleben zunehmende Individualisierung. Darin sind wir aber längst nicht so gut wie die Städter, die damit anscheinend hervorragend leben können. Wir hingegen sind nach wie vor auf unsere Dorfgemeinschaften angewiesen, oder? Falls ja, ist jedes Rädchen darin – also jeder von uns – von Belang. Und das bedeutet große Verantwortung.

## DER AGGRESSIVE HAHN MUSS IN DIE WURST

„Der aggressive Hahn muss inne Wurst." Ein krasser, aber kaum zu vermeidender Satz auf unserem Bauernhof. Und das hat nichts damit zu tun, dass wir Uckermärker im brutalen Osten leben. Nein, das ist einfach eine dieser Entscheidungen, vor der eines Tages jeder Bauer stehen wird. Das Schlachten gehört für viele Landbetriebe wie das Ziehen der Tiere und das spätere Essen derer einfach dazu. Und auf dem Hof gehört es zu der Verantwortung der Betriebsführenden, auch mal auszusortieren. Denn man muss strategisch denken. Vielleicht will man von einem aggressiven Hahn ja auch gar keine Küken bekommen. Und Tierheime für nervige Hühner habe zumindest ich noch keine gesehen. Uns Heuer-Kinder führte unsere Mutter behutsam, aber schon sehr früh an diesen Umstand heran. Und sie tat es auf clevere Weise. Zu Weihnachten wollte ja jeder von uns eine Keule haben, das ist auch unter anderen Kindern besonders verbreitet. Und genau diesen Wunsch nutzte meine Mutter aus und knüpfte Bedingungen daran.

„Wer an Heiligabend eine Keule genießen will", sagte sie, „muss die Gans selber schlachten, rupfen und ausnehmen." Und wir alle machten ohne Widerstand, Ekel oder sonst noch was mit. Alle bis auf einen meiner Brüder natürlich, dessen Namen ich hier vermutlich gar nicht mehr nennen müsste. Genau – Ingmar, der berüchtigte Küchenraucher, weigerte sich als Einziger, Mutters Bedingungen zu erfüllen. Denn er war, sobald er gehört hatte, was zu tun wäre, sofort Vegetarier. Er könne das martialische Morden und Ausbeuten der Gänse mit seinem lupenreinen Gewissen nicht mehr vereinbaren, sagte er. Und so erledigten andere die Drecksarbeit für ihn und produzierten fürs Weihnachtsfest Gänsebeine in ausreichender Anzahl. Ratet mal, wer eine Stunde vor Heiligabend überraschend dann doch kein Vegetarier mehr war. Er könne es jetzt nicht mit seinem Gewissen vereinbaren, dass wir Übrigen die Schuld auf uns allein nehmen müssten, Tiere zu essen. Er müsse uns jetzt unterstützen, koste es, was es wolle, argumentierte Ingmar und aß aufopfernd und schmatzend mit. Dieser kleine …

Aber ganz ehrlich – das Ausnehmen der Tiere war für mich kleine Annemarie superspannend. In so einem Huhn kann man nämlich Überraschungen finden, das habt ihr noch nicht gesehen! Zum Beispiel Eier. Das Ausweiden eines Krokodils wäre daher sicherlich auch aufregend gewesen, aber meine Eltern hatten nie welche. Ich verstehe natürlich, dass dieses Thema in anderen Kreisen kontroverser gesehen wird, und ich will das Ganze auch nicht übermäßig romantisieren. Schlachten bedeutet nun einmal, das Tier zu töten. Das domestizierte Tier. Ja, auch die Domestizierung an sich ist nicht unproblematisch. Zum einen erfolgten solche Vorgänge in den letzten Jahrhunderten nicht durch nettes Zureden und Bitten der ehemals wilden Tiere, doch bitte ein bisschen weniger aggressiv und freundlicher zu den Menschen zu sein. Nein, man hat den Tieren in teilweise erschreckend kurzer Zeit die für den Menschen lästigen Eigenschaften weg- und die praktischen hinzugezüchtet. Und zum anderen sind viele der Domestizierungsabläufe noch immer nicht optimal angepasst. Nutzviehkälber zum Beispiel haben erstaunlich kleine Lungen im Verhältnis zum Körper, weswegen sie häufig an Lungenerkrankungen leiden. Auch weil die Ställe für diese Fälle noch immer nicht optimiert sind.

Aber wir Menschen essen bundesweit und in Überzahl nun mal sehr gerne Bio-Fleisch, und außerdem sind wir Landkinder mit solchen Prämissen aufgewachsen. Niemand von uns verband mit dem Schlachten und Essen von eigenen Tieren auch nur irgendetwas Negatives. Für uns war und wurde das Ganze zum Alltag, der Teile von uns so oder so ähnlich bis heute begleitet. Meine vierjährige Tochter zum Beispiel hat letztens gefragt, ob wir diese eine Henne, die permanent über den Zaun fliegt, nicht langsam mal schlachten wollen. Sie könnte den anderen Hennen ja ein schlechtes Vorbild werden, begründete sie. Ich war erstaunt, fühlte mich aber auch bestätigt. Denn für Landkinder ist das Ganze irgendwie Usus, wenn auch in diesem frühen Fall doch ein wenig bemerkenswert. Aber da machen wir uns erst Sorgen, wenn sie anfängt, Horrorbilder mit unserem Bauernhof darauf zu malen und mit Hühnergeistern zu sprechen. Wir Landeltern haben in solchen Fällen jedenfalls direkt eine Doppelverantwortung: einmal fürs geliebte Kind, damit es das Hofleben authentisch kennenlernt, aber nicht übertreibt. Und einmal fürs geliebte Tier.

Nutztiere zu schlachten bedeutet ja nicht zwangsläufig, dass man die Tiere nicht liebt. Denn auch bei diesen Schicksalen geht man einen gemeinsamen Weg. Und das oft über Jahre. Es ist eben eine zusätzliche Verantwortungsebene, über die man sich als Nutzviehhalter bewusst sein muss. Lebt man mit Tieren zusammen und nutzt man ihre Produkte, hat man ohnehin auf vieles zu achten, was man ansonsten getrost vernachlässigen könnte. Ich muss zum Beispiel Eier vor dem Verzehr kurz ins Wasser legen und schauen, ob sie schwimmen, und immer im Hinterkopf behalten, dass Frischmilch bereits nach ein paar Tagen schlecht wird und nicht wie ihr Pendant aus dem Supermarkt erst nach zwei Wochen. Bei Früchten, wenn wir schon mal bei frischen, regionalen Hoferzeugnissen sind, ist es sogar noch verrückter. Ich habe mal importierte Tomaten gesehen, die sahen nach zwölf Jahren noch immer genauso aus wie am Kauftag. Und geschmacklich hatte sich da auch wenig getan.

Wie machen die Holländer das nur? Wahrscheinlich mischen die heimlich Käse bei und verraten es der übrigen Welt einfach nicht. Aber gut, jeder muss ja seine Geheimnisse haben. Auf dem Land hat man einfach ein anderes Selbstverständnis für Tiere. Man hat, um beim Ursprungsbeispiel der Henne zu bleiben, die Küken mühsam hochgezogen, gefüttert, beschützt und behütet. Und das verbindet. Danach nimmt man ihre Erzeugnisse, wie Eier, Milch oder Keulen, eben ganz anders wahr. Auch mit Hunden geht man auf dem Land völlig anders um. Da darf der Hofhund, der natürlich gerne und vorrangig nach Kuhscheiße riecht, sich auch mal ungestraft in der Küche rumfläzen, und keiner sagt was. Doch in meine Handtasche darf der Schäferhund nicht rein, sollte ich mal – warum auch immer – zu den Oscars geladen werden. Ja, auch das gehört zur Verantwortung. Zu wissen, dass Tiere nicht immer sauber und auch irgendwie „menschlich" sind. Dass sie auch mal beißen und zutreten können. Wie oft habe ich schon versucht, eine Kuh zu schmusen, und von ihr dafür eine kassiert? Bei Martin habe ich so etwas noch nie erlebt. Aber für solche Fälle haben wir ja unsere älteste Tochter. Sie wird sämtliche Störenfriede schon irgendwann zuverlässig aussortieren …

## DIE DÜFTE DER ALTBAUERNHAND

„Sag mal, Annemarie, hast du die Uhr umgestellt?"

„Ja, wieso, war doch heute, oder?"

„Dat stimmt, Kind, aber inne annere Richtung muss dat im Sommer."

„Ach, un ich dachte, wat guckt die so doof, als ich zum Melken hinkam!"

Ja, meine ersten Erinnerungen zu diesem Themenkomplex liegen schon lange zurück. Ich durfte früh auf dem Hof mitarbeiten und Verantwortung übernehmen. Verantwortung für Tiere, für die Arbeit mit ihnen, für ihre Bedürfnisse und Gewohnheiten. Ganz selten auch für Uhren. Und Kühe und Ziegen sind ausgesprochene Gewohnheitstiere. Das merken wir auch heute, nicht zuletzt an dieser grandiosen Idee der Zeitumstellung. Besonders an der auf die Sommerzeit. Zum Glück lassen sich meine Superkinder davon nicht beeindrucken. Die Kleinen schlafen sofort und ganz freiwillig eine Stunde weniger, sobald die Uhr umgestellt ist. Und gehen auch sehr gerne abends, obwohl die Sonne noch scheint, eine Stunde früher ins Bett, anstatt weiterzuspielen. Manchmal nutzen sie die morgens gewonnene Stunde sogar dazu, für mich zu melken oder meine Steuererklärung zu machen ... Tja, schön wär's, nich? Natürlich tun sie das alles nicht. Als Mutter bekomme ich die verlorene Stunde nämlich niemals zurück. Da nützt auch, selbst in Deutschland, kein Antrag beim Amt.

Die Kühe, die jetzt eine Stunde früher gemolken werden müssen, liegen jedenfalls nur da und schauen mich irritiert an, wenn ich im Stall aufkreuze. Nach dem Motto „Was will die Alte da mim Eimer von mir?". Wir melken natürlich nicht mehr mit Eimern, das habe ich nur so ausgedrückt, weil ich dieses Kapitel kurz nach der Zeitumstellung geschrieben habe und noch ein bisschen durcheinander gewesen bin. Dass die Kühe so irritiert gucken, wenn ich früher in den Stall komme, ist aber eigentlich kein Wunder – woher sollen sie's auch besser wissen? Im Stall hängt ja gar keine Uhr. Und es dauert dann auch mindestens eine Woche, bis sich meine Mädels an den neuen Zustand gewöhnt haben und freiwillig zu der ihnen halbjährlich aufgezwungenen Zeit motiviert in den Melkstand latschen. Unsere Kinder und auch ich schaffen diese Umstellung vollumfänglich dagegen nie.

So richtig bewusst wurde mir die starke Verantwortung gegenüber meinen Tieren aber erst mit der Zeit. Als Teenager hat man das Dorfleben ja teilweise verflucht. Besonders wenn man nach Hamburg wollte und die Bahn mal wieder nicht fuhr. Oder wenn man es doch noch dorthin schaffte, der coole Junge aus dem „Molotow" aber nicht auf Stallgeruch stand.

Ich glaube, einem Stadtmenschen kann man generell kaum vermitteln, wie es sich mit den Gerüchen auf dem Land so verhält. (Für diejenigen, die sich gerade verlesen haben: Über Gerüchte mit „t" werde ich später berichten. Hier soll es um Hofdüfte gehen.)

Da ist zum einen der übliche und allgegenwärtige Kuhgeruch. Dieser ist aus etwa sieben Metern wahrnehmbar und vergleichsweise harmlos. Er stinkt, wenn man so will, gegen Spezialkuhgerüche ordentlich ab. Beim Wiederkäuen riecht die Kuh nämlich stark nach Methan, und zwar nicht nur hinten. Kälberscheiße ist auch schlimm und erinnert ein wenig an die nächtliche Wickelei, wenn die eigenen Kinder noch gestillt werden. Und wenn die Kühe erstmals im Frühjahr auf die Weide gehen und grünes Frischgras futtern, würde selbst der erfahrenste „Dschungelcamp"-Bewohner das Riechen an deren Exkrementen verweigern. Für Kuhgeruch-Fetischisten empfehle ich aber auf jeden Fall mal, die Hufe zu fräsen. Die Mischung aus verbranntem Horn und dem eigenen Angstschweiß (die zu behandelnde Kuh könnte ja jederzeit zutreten) ist dermaßen beißend, dass man auf die weiteren Pediküre-Maßnahmen keine Lust mehr hat. Daher laufen auch nie Kühe mit lackierten Hufen herum.

Wenn man sich einen Ziegenbock zugelegt hat, merkt man schnell, dass man auf dem gesamten Hof nur noch ihn riecht. Das ist so, weil er sich permanent in den Bart uriniert, um weibliche Tiere zu beeindrucken. Wir halten aktuell keine Ziegen, und das nicht nur wegen der merkwürdigen Balzgewohnheiten ihrer Böcke. Ziegen sind einfach zu gute Kletterer und bräuchten eigentlich einen kilometerhohen Hochsicherheitstrakt als Gehege. Praktisch sind die Böcke aber allemal: Zuweilen lässt man sie mit der Milchkuhherde mitlaufen, weil sie brünstige Kühe erkennen und ihnen, zwar stinkend und erfolglos, aber für den Bauern gut sichtbar hinterhertrotten.

In seltenen Fällen kann es aber auch nützlich sein, an einem Tier freiwillig zu riechen. So kann man zum Beispiel die sogenannte Ketose feststellen. Wenn eine Kuh eine negative Energiebilanz hat, also quasi mehr Milch gibt, als sie sich per Nahrungsaufnahme zuführt, werden in ihrem Verdauungsapparat Ketonkörper produziert. Dadurch verliert die Lady an Gewicht, gibt weniger Milch, frisst wiederum weniger, kann unfruchtbar und fies anfällig für andere Krankheiten werden. Eine ganz üble Sache ist das, sag ich euch. Und ebendiese Ketose kann man mit erfahrenen Bauernnasenlöchern erschnuppern.

Hat man sich einmal mit all diesen Stalldüften kontaminiert, bekommt man sie selbst mit der Waschmaschine nicht mehr weg. Ja, das ist kein Gerücht – diese Düfte gehen nie raus. So eine Bauernlatzhose behält nämlich nach einem üblichen Waschdurchgang, nach dem die Jeans eines jeden Büromitarbeiters nach Rosen duften würde, noch 60–70 Prozent ihres ursprünglichen Aromas hartnäckig bei. Besonders übel sind Traktor-Sitze, die so konstruiert wurden, dass sie Ölgeruch, Schweißgeruch und Fürze noch nach fünfzig Jahren hervorragend speichern. So wollte der Hersteller vermutlich sicherstellen, dass Bauern den eigenen Trecker sofort wiedererkennen. Zumindest ist das meine Theorie dazu, anders kann ich mir den genialen Gestankspeicher schlicht nicht erklären.

Diese Gerüche lauern überall. Altbauern haben ja alles mit ihren bloßen Händen gemacht, trotz der Erfindung der Handschuhe. Da wurde der nach einem Jahr mit Siffwasser gefüllte Siloreifen geleert, das Kalb auf die Welt gezogen und das verstopfte Klo repariert. Alles barhändig, immer und immer wieder, Jahr für Jahr. Und wenn du so einem traditionellen Hofbesitzer die alte ölige Hand schüttelst, überträgt sich sein Jahrtausendgeruch auf dich.

Das Gleiche gilt übrigens für Hoffahrzeuge. Auch deren Polster speichern, ähnlich wie der Treckersitz Hund, Kalb, Schwein, den herrlichen Duft der Konfirmationssahnetorte und das Parfüm der ältesten Tochter vor ihrem siebzehnten Date noch für Monate. Hätte Gottschalk „Wetten, dass ...“ nicht aufgegeben, würde ich dort auftreten und all diese Gerüche problemlos erraten können. Selbst mit verbundenen Ohren und Augen. Und trotzdem liebe ich all meine Tiere so sehr. Diese Liebe entwickelte sich bei mir parallel zu der von Jahr zu Jahr wachsenden Verantwortung. Ich bin im Grunde mit der Zeit in die bewusste Wertschätzung dieses Landlebens, dieser Arbeit, dieser Sorge um Schutzbefohlene hineingewachsen. In der Schul- und Studienzeit habe ich auf einem fremden Betrieb sechs Jahre lang täglich gearbeitet und gemolken. Ich kannte die Herde irgendwann in- und auswendig, ich kannte jedes Tier. Und ich hatte zu jeder Kuh eine individuelle Beziehung. Das war eine ganz andere Intensität, die mich quasi plötzlich erreichte, ein ganz anderer Grad der Wertschätzung. Vor allem nach all diesen Jobs, die ich bereits hinter mir hatte. Nach Klubanimation, nach IKEA, nach der Pizzeria und nach zahlreichen Messen war ich angekommen. Die Unsicherheit und die Experimentierfreude meiner Jugendlichkeit verschmolzen mit der zunehmenden Verantwortung zu einer Lebensaufgabe mit Hof und Tier.

## KEIN ERNTEBIER VOR VIER

Ein bisschen später kamen in den Schmelztopf meiner Lebensaufgaben neben Hof und Tier noch die Belegschaft dazu. Auf dem Hof meines Mannes, den wir gemeinsam führen, haben wir neun Mitarbeiter, darunter zwei Azubis – eine junge Frau und einen jungen Mann. Insgesamt arbeiten bei uns viele Frauen mit, auch viele junge Leute. Und nicht zuletzt deswegen hat sich eine schöne Harmonie und eine bombastische Stimmung ergeben, die mich, ehrlich gesagt, ziemlich stolz macht. Junge Menschen haben so eine unbeschwerte Leichtigkeit an sich, denn sie kennen die Schwere jahrzehntelanger Probleme und harter Arbeit noch nicht. Und das ist auch gut so, denn genau deshalb lüften sie jeden Betrieb mit ihrer Sorglosigkeit und ihrem Ehrgeiz ordentlich durch. In meiner Kindheit hatten wir keine Fremdarbeiter auf dem Hof, da arbeiteten ausschließlich meine Eltern und wir. Allerdings waren wir ja auch intern schon zu zehnt. Hier auf dem Biohof Paulsen stammen die meisten Mitarbeiter zwar nicht aus der Familie, fühlen sich mittlerweile aber wie eine an. Und nicht nur, weil manche von ihnen bereits seit Jahrzehnten auf dem Hof beschäftigt sind und sich weder sie noch wir ein getrenntes Leben vorstellen können. Unsere Mitarbeiter rufen sich gegenseitig zum Frühstück, greifen einander ungefragt unter die Arme und lachen gemeinsam lauter als die humorvollsten Ziegen des Nachbarhofs. Vier der Mitarbeiter wohnen nur wenige Meter Luftlinie vom Hof entfernt, in einem Mehrfamilienhaus, das meine Schwiegereltern speziell für diese Zwecke erworben haben. Sie fahren gemeinsam einkaufen, verbringen die Freizeit zusammen und bilden eine Gehgemeinschaft zur Arbeit. Für eine Fahrgemeinschaft wäre es ja viel zu nah dran. Hier bei uns haben sie außerdem einen Gemeinschaftsraum, den sie benutzen können, egal wie dreckig sie gerade sind. Und obwohl wir es mit dem Feierabendbierchen auf dem Hof eher strenger handhaben, werden in der Erntezeit nach getaner Arbeit die zwei, drei obligatorischen Erntebiere gemeinsam geleert.

Natürlich kommt es auch unter unseren Mitarbeitern zu typischen Zwisten und Reibereien (in welcher Familie ist das nicht so?), doch werden diese Probleme konstruktiv und meist im Handumdrehen gelöst. Und das liegt nicht nur in unserer administrativen Verantwortung, dafür zu sorgen, dass sich jeder angesprochen und ernst genommen fühlt. Dass jeder gleichberechtigt seine Sorgen und Nöte mitteilen kann. Alle Mitarbeiter ziehen an einem Strang. Alle kennen sich meist schon seit vielen Jahren, und alle wissen und schätzen den Mehrwert der Harmonie, der Gemeinschaft und des erlösenden Schwätzchens zwischen den meist harten Arbeitseinheiten. Und falls dann doch mal etwas an- und ausgesprochen (oder auch mal kurz gebrüllt) werden muss, sind alle bemüht, es so schnell wie möglich zu regeln. Denn bei Streit unter Menschen, die sich so lange kennen, geht es meist um viel mehr als nur um den täglichen Arbeitsstress. Und da ist es nur sinnvoll, die Probleme sofort zu besprechen.

Uns ist es zudem unheimlich wichtig, dass all unsere Mitarbeiter ein sicheres Auskommen haben, selbst bei unterschiedlichen Ansichten, in welchem Lebensbereich auch immer, und jederzeit mit unserer unbefristeten Unterstützung rechnen können. Das haben schon meine Schwiegereltern hier so gehandhabt und mein Mann und ich wollen das uneingeschränkt weiterführen. Zu gut kann ich mich daran erinnern, wie wir einen unserer älteren Mitarbeiter über Monate hinweg zeitaufwendig umgeschult haben, damit er, weil es plötzlich an Platz fehlte, in einem anderen Segment, aber um jeden Preis bei uns weiterhin eingesetzt werden konnte. Denn Entlassen kam für uns – auf diesem Hof ist das schon Tradition – nicht infrage.

„Ey, Jürgen, wat machste da?“, rufe ich einem unserer Fahrer zu, weil er seltsam vorsichtig über den Hof kurvt.

„Ja, ich fahr wieder Slalom.“

„Ach, meine Güte, hab ich das Gartentor aufgelassen?“ Normalerweise versuchen wir, unseren Mitarbeitern nichts zuzumuten, was eigentlich in unserer Verantwortung liegt. Wie das Aufpassen auf unsere Kinder zum Beispiel. Weil wir ein großer, moderner Betrieb sind, dessen Kuhstall sich in nur zehn Metern Entfernung befindet, und in Hoch-Zeiten täglich sieben Trecker hin und her brettern, können wir nicht von unseren Mitarbeitern verlangen, dass sie auch noch auf unsere Nachwuchsagrarier aufpassen. Unser Hof ist im normalen Betrieb daher nur bedingt bis gar nicht kindergerecht. Und deswegen haben wir einen kleinen umzäunten Garten errichtet, wo die Kinder abseits des Treckerverkehrs spielen können. Dieser Bereich enthält neben ein paar kleinen Beeten und Pflanzen auch kleinere Tiere, wie Hühner, Katzen und vereinzelte Regenwürmer. Die Letzteren halten wir unter der Erde und sehen sie manchmal über Jahre nicht, die anderen pflegen wir aber jeden Tag. Und sie dienen unseren kompensierten Gelüsten. Da Martin und ich mit unserer hochkompetenten Belegschaft ja kaum noch klassische Hofarbeit machen müssen, erledigen wir hauptsächlich administrative und verpflichtend hochverantwortliche To-dos, wie Blutabnehmen oder sonstige Analysen an unserem Vieh. Ja, weil wir mittlerweile hauptsächlich mit diesen Planungen und Organisationen beschäftigt sind, haben wir uns mit pflegeleichten Tieren und Pflanzen ein Refugium zugelegt und können uns darin hin und wieder noch als klassische Bauern fühlen. Und das Ding ist auch noch für die Eingewöhnung unserer Kinder gut. Schließlich sollen sie irgendwann auch mal mit anpacken. Sie übernehmen jetzt schon einige Aufgaben, wie zum Beispiel das Einsammeln von Eiern.

„Hansi, hast du heute die Eier schon eingesackt?"

„Ja."

„Und wo sindse denn, Jung?"

„Ja, heute gabs keine, Mama."

„Wie, heute gabs keine? Die Hennen legen doch jeden Tach welche, weißte doch!"

„Ich hab heute nur bei dem Hahn nachgeguckt. Bei den Hennen schauen wir ja sonst immer. Und das ist ganz schön unfair."

„..."

Gut, besonders zuverlässig klappt das Eier-Einsammeln bei den kleinen gendergerechten Aushilfshühnerhaltern noch nicht. Mal gucken die zwölf Mal am Tag, mal nur alle zwei Wochen. Und ausgerechnet das Eier-Einsammeln muss besonders konsequent durchgeführt werden, da die Henne ansonsten anfängt, darauf herumzubrüten. Aber es ist ja auch noch kein Bauer vom Himmel gefallen, oder wie war das noch mal? Eine Bäuerin im Übrigen auch nicht, was mich an eine Geschichte aus meiner Kindheit erinnert.

## DER NIE FERTIG GEWORDENE BRATEN

Meine Eltern waren mal ausnahmsweise im Urlaub und dann auch noch gleich zum allerersten Mal in den USA. Schön weit weg, damit man das Getöse der acht eigenen Kinder plus Anhang nicht hört. Und ausgerechnet so ein Anhang in Form der damaligen Freundin meines drittältesten Bruders hatte eines Morgens eine ganz tolle Idee. Sie wollte uns Bauernkinder, weil wir ohne Eltern so hart arbeiten und den gesamten Hof stemmen mussten, mit einem leckeren Essen erfreuen. Nun muss man natürlich wissen, dass auf so einem Bauernhof jeden Tag pünktlich um zwölf Uhr zu Mittag gegessen wird. Und zwar ganz egal, ob es stürmt, schneit oder Hühner regnet – in der Tagesmitte muss das Essen bereit sein. Nicht eine Minute früher, nicht eine Sekunde danach. Warum nicht? Na, weil wir auf dem Bauernhof den gesamten Tagesablauf, der größtenteils eh durch Tiere und Pflanzen bestimmt wird, danach ausrichten. Sämtliche Mitarbeiter haben am Vormittag ein festes Programm, sind schon seit sieben, acht Stunden wach, mit 3000 Kilokalorien im Minus (da reicht so 'ne Städterstulle nich aus, sach ich euch) und gegen Mittag so hungrig, dass sie 'n ganzes Pferd fressen könnten (zum Glück haben wir aber nur Kühe). Sie essen pünktlich um zwölf und hauen sich danach in die Mittagsstunde, die auch mal, wie der Name schon sagt, 'ne Stunde dauern kann. Je nach Kondition, Müdigkeit und der Größe des Bauernbauchs. Spätestens gegen halb zwei erledigen alle ihre Frühnachmittagsschicht, bevor es dann – und bei Mutter war das jeden Tag der Fall – um drei Uhr Kuchen zum Kaffee gibt. Um halb vier wird, wie wir ja wissen, wieder pünktlich gemolken, da lassen sich die Kühe nicht lumpen. Außer kurz nach der Zeitumstellung vielleicht. Und das alles kann man auch nicht verschieben. Das wusste bei uns jeder auf dem Bauernhof. Jeder bis auf Claudia.

Ihr Braten war schon sehr lecker, und die Kartoffeln dazu waren „al dente“, aber das gab es alles – und jetzt haltet euch fest – erst um halb zwei! Ich hätte beinahe „halb zwei Uhr abends“ geschrieben, so spät war es da. Eineinhalb Stunden zu spät. Eineinhalb Stunden, in denen nichts ging und der gesamte Hof stillstand. Ihr kennt doch diese Szenen aus amerikanischen Comedyserien, in denen irgendetwas Krasses passiert und alle drum herum plötzlich ihre Beschäftigungen stehen lassen und vor Schreck erstarrt in eine Richtung schauen. Genauso haben wir uns damals gefühlt, denn eineinhalb Stunden lang waren wir nicht nur superhungrig, sondern konnten in dieser Zeit auch gar nichts erledigen. Alles war durcheinandergekommen. Mein Vater erzählte uns später, er hätte die Katastrophe, obwohl Tausende Kilometer entfernt, in seinem gesamten Körper gespürt. Er hätte um Punkt zwölf deutscher Zeit einen üblen Schluckauf bekommen, der erst nach zwei

Tagen wieder wegging. Auch der Papst hätte in einer seiner Stellungnahmen im Fernsehen irgendwas über Claudia erzählt, meinte er. Aber das Letzte glaube ich ihm nicht.

Noch heute kann sich jeder an diesen einen Mittwoch erinnern, an dem die liebenswerte Claudia und künftige Ex-Freundin meines Bruders versuchte, uns überarbeiteten Bauernkindern ein großartiges Festmahl zu bereiten – so schlimm war dieses Ereignis für uns. Claudia war eine tolle Frau, und sie liebte auch unser Leben. Aber sie hatte diesen Druck, alles zur richtigen Zeit erledigen zu müssen, komme, was wolle, schlicht nie gespürt. Sie kannte das nicht. Aufgewachsen als städtisches Einzelkind aus wohlhabenderen Verhältnissen, hatte sie überhaupt nicht auf dem Schirm, welche Verantwortung sie mit dieser edlen Absicht damals übernahm. Welche bis dato ungebrochene Tradition sie – zwar am Ende furchtbar süß, aber fahrlässig – in Gefahr brachte. Das ruinierte unseren Tagesrhythmus komplett, und wir konnten erst nach Wochen darüber lachen. Dieses Ereignis fühlt sich für uns an wie eine dicke fette Narbe im ansonsten makellosen Gewebe der Heuer'schen Hofführung der damaligen Zeit. Selbst die ältesten Kühe in Schleswig-Holstein sprechen noch heute davon.

Die Beziehung zwischen ihr und meinem Bruder hat leider nicht lange gehalten, aber für uns wird sie immer in unseren Herzen und in unseren Mägen bleiben. „Claudias Essen. Der Braten, der um halb zwei noch immer nicht fertig war", lautete der Titel des Buches, das ich eigentlich zuerst schreiben wollte. Aber diese Erinnerung ist einfach zu hart. Ich glaube nicht, dass ich dieses Werk hätte vollenden können, ohne bei jedem Kapitel brutal in Tränen auszubrechen. Mein Vater hat immerhin einen Schulbuchverlag kontaktiert, damit sie dieses

„abschreckende Beispiel“ für immer verewigen. So etwas darf sich einfach nicht wiederholen, sagt er.

Eine vergleichbare Story mit Städter-Anhang hatten wir danach nur noch ein einziges Mal. Als einer meiner Ex-Freunde ein paar Jahre später und wiederum in edler Helferabsicht versuchen wollte, den Bullen zu melken. Glücklicherweise wurde er noch auf dem Weg zum Stall durch eine Hechtrolle meines ältesten Bruders davon abgehalten.

Ja, Verantwortung übernehmen auf einem Bauernhof ist eben kein Pappenstiel. Daher muss man alles konsequent, aber mit viel Bedacht angehen. Und was unsere Kinder betrifft: Wir glauben, dass sie hier erst mit etwa zehn Jahren größere Aufgaben übernehmen werden. Die werden dann Silos abdecken, bei der Ernte mithelfen und melken. Und dabei häufig und laut meckern. Aber spätestens, wenn sie alt genug sind, Maschinen zu bedienen, werden sie dann so richtig Spaß haben und andere Motivationen entwickeln. Bis dahin erledigen wir Erwachsenen die Haupthofarbeit und passen neben unseren Slalom fahrenden Mitarbeitern darauf auf, dass die Kinder beim Abdecken nicht versehentlich mitsiliert werden.

## EMANZIPATION AUFM TRECKER

Auch ich habe als Heranwachsende meine Maschinen geliebt. Schon als beginnender Teenager lenkte ich wild und gerne darauf herum. Mein Vater war am Anfang ja skeptisch, ob ich mich nicht vertan und versehentlich vergessen hätte, dass ich gar kein Junge sei. Da erzählte ich ihm, dass ich den

Trecker unbedingt brauchte, um zwischen Küche und Hauswirtschaftsschule zu pendeln. Nein, Spaß, so schlimm war mein Vater nie, aber ein bisschen irritierte ihn das damals schon. Aber er akzeptierte es schnell und ließ mich maschinenaffine Annemarie mal machen. Und darüber bin ich heute sehr glücklich.

Ich fahre viele Maschinen sehr gerne, am liebsten aber Kehrer und Schwader bei der Grasernte. Der Kehrer wirft das Gras auseinander, damit es, wie man im Bauernfachjargon so schön sagt, ordentlich anwelkt, um es später vernünftig silieren zu können. Beim Silieren decken wir das geerntete Grünfutter mit riesigen Planen so richtig dicht ab, damit es keinen Sauerstoff abbekommt und schön gärt. So wird's konserviert, und die Tiere haben noch Monate später etwas davon. Es darf für die Lagerung halt nicht supertrocken werden, aber auch nicht zu saftig sein – ähnlich wie das Fleisch, wenn der Praktikant mal wieder am Grill steht.

Der Schwader sammelt das gekehrte Gras später ein und legt es, wie der Name schon sagt, in Schwaden, damit man es dann besser aufnehmen und abtransportieren kann.

Diese Arbeiten sind einfach so unfassbar befriedigend. Ihr kennt doch sicherlich diese Satisfaktions-Videos in den sozialen Medien, wo irgendwas sortiert, durchgeschnitten oder anderweitig geordnet wird, was in einem ein durch und durch befriedigendes Gefühl auslöst. Und genauso ist es, wenn ich nach einer solchen Tour die fein geordneten Grashalme oder das penibel geräumte Feld betrachte. Ob ich deswegen auch die Zimmer meiner Brüder so oft und gerne aufgeräumt habe? Kann sein, ich weiß es nicht. Sollen sich doch die Psychologen, die dieses Buch in die Hände bekommen, damit befassen.

Ja, Bodenbearbeitungsmaschinen machen mir größten Spaß, aber auch allgemein ist Treckerfahren ein Erlebnis für sich. Wenn man so mit wahnsinnigen 30 Kilometern pro Stunde über die Prärie brettert, kommt man sich mindestens wie eine Fahrerin der Formel 1 vor. Nur nicht ganz so reich. Jedenfalls fühlen sich die 30 Stundenkilometer um ein Vielfaches schneller an, auch deswegen, weil man hoch oben sitzt, von wo aus man einen großartigen Überblick über alles um sich herum hat. Nur wenn es Trecker-SUVs gäbe, wäre das Erlebnis noch doller, weil sie dann ja noch höher wären. Aber ich möchte die Hersteller nicht auf dumme Ideen bringen …

„Hey, schaut mal, das kleine Mädchen da auf dieser Riesenmaschine!“, rufen alle, wenn sie mich das Feld bearbeiten sehen, und ergänzen Dinge wie: „Ach, wie süß! Sie versucht ja die Trecker-Rillen zu treffen.“ Ja, das mache ich, um keine neuen zu hinterlassen, ist doch klar. Damit alles schön perfekt aussieht.

Spielerisch, aber gleichzeitig ernst und mit sehr großem Ehrgeiz pflüge ich so durch die Gegend und bin am Ende stolz wie Oskar, wenn ich das Feld wieder verlasse und mein „Kunstwerk“ von der Straße aus betrachte. Wie ein Maler, der sein Bild nach getaner Arbeit zufrieden lächelnd stundenlang ansieht. Und diese Erinnerung, dieses Gefühl kann man kaum mit etwas anderem vergleichen. Nur die Außerirdischen – da bin ich sicher – kriegen schönere Feldstrukturen hin. Der Geruch der frisch aufgewühlten Erde ist stark, und auch diesen genieße ich. Zwar muss er im Frühjahr mit den Gerüchen des frisch geschnittenen Grases mithalten, und das ist nicht leicht, sag ich euch. Oder später im Jahr, wenn das Heu auf der Koppel noch nicht aufgewickelt ist und schön in der Sonne trocknet …

Hach, dieser Geruch ist so einmalig, dass ich ihn nicht richtig beschreiben kann. Ganz ähnlich wie bei frisch gedroschenem Getreide, das auf dem Hof ausgekippt wird, wobei man allein diesem hypnotischen Kippvorgang länger zuschauen kann als herumwirbelnden Angorawollklamotten in der Waschmaschine. Ja, ihr habt richtig geraten – Angorawolle darf man natürlich so nicht waschen. Aber erzählt das mal einer neugierigen Siebenjährigen, die gerade gelernt hat, die Waschmaschine zu bedienen … Och, ich schweife wieder ab, ich war ja bei Landmaschinen.

Einzig – und das wird mir erst jetzt mit über 30 so richtig bewusst – habe ich es gehasst, mit den Treckern anderen Maschinen auf der Straße hinter- oder neben ihnen herzutuckern. Dabei kannte man mich in meiner späten Schulzeit beinahe nicht anders. Als meine Eltern ab einem gewissen Alter keine Lust mehr hatten, mich überall hinzukutschieren, erlaubten sie mir einfach, den Trecker zu nehmen. Ich fuhr damit in die Schule, zu Partys und an den Straßenrand. An den Straßenrand, weil ich einmal von der Polizei angehalten wurde, da man ohne Führerschein keinen Trecker fahren darf. Auf der Straße zumindest nicht, im Feld dagegen schon.

„Führerschein und Fahrzeugpapiere bitte“, forderte mich der Beamte auf, der trotz seiner Größe und auf Zehenspitzen stehend sichtlich Mühe hatte, mich durch das Treckerfenster auf Augenhöhe anzusprechen.

Weil ich keine Papiere dabeihatte, tat ich in der Aufregung so, als würde ich den Fensterheber nicht finden, und düste mit 30 Stundenkilometern weg. Glücklicherweise hatte er keine Lust, mir hinterherzufahren. Tatsächlich glaube ich aber, dass er den Trecker erkannt hatte und auch meinen Vater kannte. So ist es nun mal auf dem Land. Jeder hilft jedem.

Jedenfalls haben meine Mädels (und diesmal meine ich damit nicht die Kühe) immer gefeiert, wenn ich zu den Partys mit dem Trecker kam. Schnell ließen sie alles stehen und liegen, hüpften mit ihren Kleidchen die dreckigen Stufen hinauf und wollten immer, dass ich eine Ehrenrunde drehte. Am liebsten dort, wo ganz viele pickelige und beeindruckte Jungs herumstanden. Auch sie fanden Traktoren ganz toll und wollten liebend gerne selbst damit fahren. Das Angebot von Christian, einen Tag lang meinen „Fendt" gegen sein „Hercules"-Moped zu tauschen, lehnte ich allerdings ab.

**Der Landmaschinen-Führerschein**

Die Polizisten-Anekdote hatte meine Eltern dann doch überzeugt, mich den Trecker-Führerschein machen zu lassen. Ich war da ja auch schon alt genug. Und so saß ich in der Fahrschule als einzige Treckeranwärterin (vermutlich waren andere Bauerneltern da fahrlässiger) zwischen gestandenen Ü-30-Typen, die auf einen Lkw-Führerschein aus waren. Einer war sogar über sechzig – er saß neben mir – und noch vom ganz alten Schlag. Er war einer dieser alten Dorfbewohner, die meinen, die jungen Dinger anbaggern zu müssen.

„Na, auch hier?", fragte er mich direkt am ersten Tag.

„Jo, moin", antwortete ich.

„Ähm ..."

Danach war erst mal Stille. Offenbar hatte er sich auf den Flirt nicht gut genug vorbereitet. Aber in der Pause kam er wieder zu mir und direkt mit dem Trumpf:

„Ich bin Witwer", krächzte er romantisch in meine Richtung und wartete ab. Das war ja irgendwie süß, aber was glauben diese Kerle eigentlich, wie das Gespräch dann abläuft?

„Ach, Witwer – wie schön! Warum hast du das denn nicht gleich gesagt? Wie viele Enkel hast du noch mal?“

„Fünf.“

„Nä! Gibt’s doch gar nicht. Ich hätt‘ dir maximal drei gegeben!“

Während ich über den fiktiven Dialog in meinem Kopf grinsen musste, war der Alte mit seiner Konzentration längst woanders. Es hat mit uns offenbar nicht sollen sein. Aber am Ende stellte er sich als supernett und auch lustig heraus, sobald das Eis gebrochen war. Genauso wie die anderen Lkw-Typen dort. Ich hatte eine spaßige Zeit, meinen Führerschein in der Tasche und kann heute noch neben Traktor- auch ein bisschen Lkw-Schnack zum Besten geben.

Für mein technisches Verständnis war der Besuch der Fahrschule auch hilfreich. Zumindest fürs Basiswissen. Ich habe dort das klassische „W.O.L.K.E.“ gelernt, wobei man Wasser, Öl, Licht, Kraftstoff und die Elektrik prüfen muss. Aber auch den Dreitaschencheck: Schlüssel, Handy und Portemonnaie. Beides macht man vor jeder Abfahrt, beides ist superwichtig. Das Zweite vor allem, wenn man auf eine Party fährt. Bei dieser Checkerei fühle ich mich auch ein bisschen wie in einem Flugzeug, nur ohne Co-Piloten und die lästigen Passagiere. Wobei ich mir das schon auch angenehm vorstelle, dass die hinter mir alle klatschen, wenn ich mit dem Grubbern fertig bin.

Ah ja, und dann muss man natürlich auch den Blinker checken und alle Geräte, die so an einem dranhängen. Wie zum Beispiel das Rührgerät, womit man Gülle umrührt. Das ist wie so ein riesiger Mixer für Marmelade. Nur bei uns halt für Scheiße.

Das Supertechnische und auch das Grobe, wie etwa das brachiale Anhängen und andere vermeintliche Männerjobs, lernte ich erst deutlich später – mit meinem Mann auf unserem heutigen Hof. Mit meinem Vater war es trotz all seiner Freude über meine Lust auf Maschinen einfach unmöglich. Bauer Helmut Heuer konnte dabei nie so richtig loslassen und die Kontrolle aus seinen zwar modernisierten, aber dennoch traditionellen Händen abgeben.

Dass ich immer wieder auf den Maschinen saß, war für meinen Vater schon sehr günstig. Vor allem, als meine älteren Geschwister bereits ausgezogen waren oder in Ausbildung oder Studium steckten.

„Ah, da fährt ja die Heuer'sche Tochter heut wieder", war nur einer der Sätze im Dorf, der mich noch mehr motivierte, ordentliche Feldarbeit abzuliefern. Das ist auch so ein spannendes Paradoxon, wie ich finde. Man möchte ja meinen, auf dem Land hätten es männliche Kinder leichter, auf traditionell männlichen Positionen akzeptiert zu werden. Aber meine Brüder mussten sich durch Begabung und Technik ordentlich abheben, um aus der Menge hervorzustechen. Bei mir reichte es ja schon fast, dass ich einfach nur da war, in dem Glaskasten hockte und irritierte Altbauern grüßte. Natürlich musste ich als Mädel auch mindestens sehr gute Arbeit abliefern, um den Klischees keinerlei Futter zu geben. Aber das tut man, wenn man von klein auf darauf bestanden hat, unbedingt Trecker zu fahren, ja ganz automatisch. Ansonsten hätte man das auch nie ernsthaft versucht. Und das gilt für alle Arbeitsbereiche, die Frauen über Generationen versperrt blieben. Nicht wahr, lieber Bauer Heinz? „Genauso isses, Annemarie", höre ich Heinz in meinem Kopf antworten.

### Viel Platz, viel los, viel Ruhe

Meine Liebe für das Leben auf dem Bauernhof hat sich, ähnlich wie auch die Liebe zu meinen Kühen (diesmal sind nicht meine Mädels gemeint. Liebe Grüße an die ehemalige Abschlussklasse 12C!), langsam entwickelt, dabei immer wieder verändert, bis sie zu dem unverbrüchlichen Teil wurde, der mich immer begleiten wird. Auf dem Weg dahin gab es unzählige Auf und Abs, für ein plattdeutsches Mädel wie mich das reinste Allgäu. Ich lebte mit einem meiner Ex-Freunde in einem Haus, das unglaublich geschniegelt war. Wo alle Bilder gerade hingen, die Türrahmen blitzten und wo man aufpassen musste, dass man bloß keinen Dreck hinterließ. Natürlich hätte dort auch keine meiner Kühe mit im Bett schlafen können. Ich glaube, es war so ordentlich, dass sogar alle Teppichfransen gekämmt waren … Ich habe auch in Millionenstädten gelebt, in mittelgroßen Städten und selbst in einer Wohnung im Dorf. Für all das hatte ich viele schöne Wohnkonzepte und -ideen parat, aber … Ich brauchte Platz! Viel Platz. Den wollte ich immer schon haben. Und Bauernhof ist halt Platz. Auf dem Bauernhof ist außerdem einfach immer was los. Den ganzen Tag flattern die Gatter. Man hört das Leben die ganze Zeit um sich herum. Und das lässt einen selbst ja auch lebendig sein. Es gibt so richtig Auftrieb. Gleichzeitig gibt es auf der anderen Seite des Hofs unheimliche Ruhe. Unendliche Weiten. Selbst die Vakuumpumpe ist hier kaum zu hören. Und ich kann mich beim Verlassen des Hauses immer entscheiden, welche Seite ich wählen will.

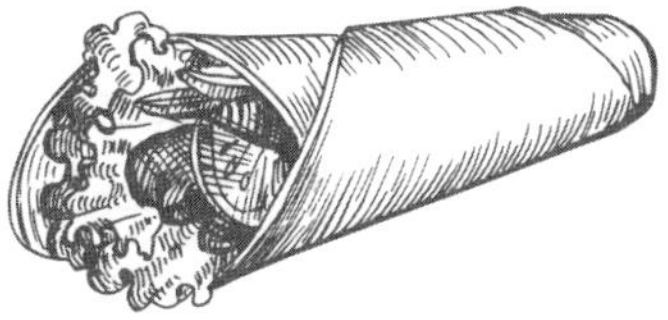

# EINE ~~DÖNER~~FRAUENROLLE ZUM MITNEHMEN, BITTE

Die Rollenverteilung in meiner Familie war, vor allem geprägt durch die Großeltern, natürlich traditionell und eher konservativ. Wenn auch mit deutlichen Ausbrüchen. Meine ältere Schwester Wencke, zu der ich, nicht zuletzt, weil es meine einzige Schwester ist, eine ganz besondere Beziehung habe, kann davon ein mehrstrophiges Lied singen. Sie als Tochter-Vorreiterin – ich war ja das familiäre Finale – hat die Frauenrolle für uns eingeritten. Das, was sie alles erkämpfen musste, fiel für mich später anders und teilweise wesentlich glimpflicher aus. Und das, was sie noch nicht durfte, durfte ich im gleichen Alter schon eher, wenn auch nur in Teilen.

Die Rollenverteilung auf einem traditionellen Bauernhof wie dem meiner Eltern führte niemals zu Ungerechtigkeiten, und sie bezog sich auch nicht ausschließlich auf die Geschlechter. So durfte beim gemeinsamen Essen immer der Vater beginnen, danach die Mutter, dann wir Kinder, wobei hier wiederum diejenigen, die am jeweiligen Tag die schwerste Arbeit verrichtet hatten, vorgezogen wurden. Das hatte nichts mit Diskriminierung welcher Art auch immer zu tun, sondern lediglich mit vor Ewigkeiten erprobten Strukturen. Im Prinzip vergleichbar damit, dass die Billardkugel mit der 1 beim sogenannten Neunerball in der Raute immer vorne aufgebaut wird. Nicht, weil sie besser oder größer ist als die anderen Kugeln, sondern schlicht, weil es diese Vereinbarung gibt. Und zwar seit Generationen von Billardspielern. Es ist also eine Art Hierarchie, aber eine quantitative. Also keine, die andere abwertet.

Und so verhielt es sich auch mit der Zuweisung der Aufgaben in meiner Kindheit: Mädchen halfen tendenziell der Mutter und Jungen dem Vater. Überschrieben wurde das Ganze irgendwann nur durch das Alter. Zwar erledigten die jüngsten vier geschlechtsunabhängig die Aufgaben, die in den Bereich der Mutter fielen, und die Größeren fuhren mit dem Vater aufs Feld hinaus. Das war allein wegen der Bedienung der Maschinen nachvollziehbar, und dennoch war ich schon früh neidisch auf die Aufgaben der anderen und genervt von den eigenen. Besonders bei der Vorbereitung einer der unzähligen Konfirmationen in unserer Familie sollte ich die ehrenvollste Aufgabe des gesamten Heuer-Hofs übernehmen. Und zwar durfte ich kämmen. Nicht etwa die Mähnen von coolen, bei kleinen Mädchen immer beliebten Ponys oder die Felle süßer Hundewelpen. Nein, ich kämmte Fransen – Teppichfransen. Und zwar mit dem Kamm, den meine Mutter gerade noch dafür eingesetzt hatte, meine Frisur konfirmationstauglich zu machen. Die Fransen, die an den jeweils kurzen Seiten der Teppiche angebracht waren, waren sicherlich dankbar für meine Arbeit. Ich nicht. Es war eine furchtbar deprimierende Sisyphus-Aufgabe, die ich immer wieder neu starten musste, sobald einer meiner älteren Brüder, der zur selben Zeit einen viel cooleren Job zu verrichten hatte, mit 37 Stundenkilometern drüberlief und alles verwirbelte. Damals hatte ich mir geschworen, sollte ich jemals Kinder bekommen, niemals Teppiche mit Fransen zu kaufen.

Außerdem half ich im Alltag beim Scheren von Mutters Angorakaninchen, beim Falten von Angorawollsocken – wobei meine Mutter bis heute behauptet, es habe sich immer um normale Wollsocken gehandelt –, bei der Gartenarbeit und beim Schleudern von Honig. Hier bestand die Aufgabe der vier Jüngsten darin, das Fass mit all unserer Kinderkraft festzuhalten, in dem die vorher eingesetzten Honigwaben mit unglaublicher Geschwindigkeit von meiner Mutter gedreht wurden. Das war nicht nur ein physisch anstrengendes Erlebnis, sondern auch ein unfassbar klebriges. Denn trotz aller Vorsichtsmaßnahmen landete ein großer Teil des leckeren Honigs neben dem Fass. Genauer gesagt, an den Wänden, an den Möbeln und an den Annemaries. „Eine ertragreiche, aber klebrige Angelegenheit", wie einer meiner Brüder immer sagte. Er hätte in die Politik gehen sollen – dort wäre er rhetorisch gut aufgehoben.

## „DU BIS JA GAR NECH DEI VADDER, MÄDCHEN!"

Als wir älter wurden, wurden die Aufgaben der Mädchen zunehmend traditioneller. Die Frauen – auch bei uns – kümmerten sich um das Essen und um den Haushalt, die Männer um den Hof, das Feld und die Beschaffung von Dingen. Das zumindest war der Ansatz meiner Eltern, den sie wiederum von ihren Eltern übernommen hatten. Jene Generationen wuchsen ohnehin in einer schwierigen Zeit auf, und so war es nicht verwunderlich, dass sie klare Bräuche, klare Strukturen brauchten, um zu funktionieren. In Krisenzeiten diskutiert man nicht lange herum, da ändert man nichts, was bisher gut lief. Dafür hat man in solchen Phasen ganz banal gesagt keine Zeit.

Daher war es auch wenig verwunderlich, dass meine Großmutter – die Mutter meiner Mutter – Jahrzehnte später, wenn sie mit uns Enkelkindern „Doppelkopf" spielte, dies niemals ohne Wetteinsatz tat. Dabei wollte sie uns nicht ausnehmen, nein – sie stellte sogar einen kleinen Grundgeldtopf zur Verfügung, aus dem sich alle Kinder, die mitspielen wollten, bedienen konnten. Gewann man über die Anfangssumme hinaus etwas dazu, durfte man es behalten, bei einer Niederlage fiel man maximal auf null. Aber, und das war meiner Oma sehr wichtig, so sollten wir Kinder lernen, dass jede Handlung potenziell auch ein Risiko hat und eine Konsequenz nach sich zieht. Dass man alles ernst nehmen soll, wollte sie uns damit sagen. Und das war eine sehr gute Schule und ein Beispiel für die Weitergabe von Werten und Erfahrungen, selbst über zwei Generationen hinweg.

So lief das also bei uns mit der Rollenverteilung. Bis zu einem gewissen Bruch, an dem ich – und darauf bin ich stolz – nicht ganz unbeteiligt war. Ich hatte meinem Vater ja schon früh signalisiert, dass ich auch fahrende Maschinen bedienen möchte – so wie meine großen Brüder. Wie er selbst. Er war überrascht, denn meine Schwester Wencke hatte daran nie Interesse gezeigt. Aber er ließ es zu. Anfangs misstrauisch und zögerlich, aber das war mir egal, denn ich saß schon als früher Teenager auf dem Trecker im Hof und im Feld. Und sobald ich meinen Führerschein hatte, auch im Straßenverkehr.

Als Frau auf den großen Maschinen war ich im Dorf ein exklusiver Anblick, der nicht selten zu Missverständnissen führte. So gab es ständig Situationen, in denen alte Nachbarbauern vorfreudig zu meinem schönen grün-blauen Trecker im Feld eilten, um die klassischen Männerfloskeln mit meinem Vater auszutauschen, sich aber plötzlich stumm stellten und seltsam beschämt wieder verzogen, sobald sie bemerkt hatten, dass da die Bartlose am Steuer saß.

„Moin, Helmut! Na, alles fit im Schritt?"

„Moin, Klaus!"

„Dei Vadder nich da?"

„Nee, heut fahr ich."

„Jo."

„Du kannst ja auch büdden mit mir schnacken, nich? Wenne schon ma da bist."

„Jo."

„Gut, ich fang ma an: Wie gehts'n der Hilde? Alles wieder gesund?"

„Joa."

„Un Kinnas, alles im Lot?"

„Jo."

„Jo?"

„Jo. Ich muss dann ma weida. Mach et jut, ne. Un sach dem Vadda, der soll ma wieder in' Krug kommen."

„Tschüss, Klaus. War schön, mit dir zu plaudern!", rief ich meist noch hinterher und startete wieder den rappelnden Treckermotor.

## AUFM LAND WIRD VIEL GEBROCHEN!

Wie viel Veränderung verträgt ein Bauernhof, wie viel braucht er vielleicht sogar? So traditionell die Aufgabenverteilung in unserer Familie startete, es gab doch auch immer wieder Ideen (vor allem von meiner Mutter – warum wohl?), wie unser Landleben sich gut weiterentwickeln könnte, auch in Sachen Rollenverteilung. Wirklich clever war meine Mutter, als sie meine Brüder ans bis dato undenkbare Kochen und Backen gewöhnte. Ein Bauer am Herd, mal ehrlich, seit wann gibt es das denn? Ganz einfach, seit dem „Wunschessen-Freitag" bei Mutter Heuer, bei dem abwechselnd jedes Kind sein Lieblingsessen ordern durfte. Die einzige Bedingung: Das jeweilige Kind musste mitkochen. Am Anfang wehrten sich meine Brüder noch murrend dagegen, machten dann aber doch bei dieser „lästigen Frauenarbeit am Herd" fröhlich mit. Da kann man nur sagen: Will man eine langjährige Tradition erhalten, muss man sie an aktuelle Gegebenheiten anpassen. Und meine Mutter hatte dafür das richtige Fingerspitzengefühl.

Wollen wir in unserer schnelllebigen und zunehmend individualisierten Gesellschaft die gemeinsamen Mahlzeiten als Familienzeit erhalten? Dann müssen wir die damit verbundenen Rituale verändern. Meine Mutter machte den mutigen Schritt, Männer in die „Frauenarbeit" einzuweben, und behielt am Ende recht mit ihrer Annahme, dass man auch die Nicht-BH-Träger an die Platte bekommt, wenn man es nur clever genug anstellt. Mein Vater war offen für mein Interesse an Maschinen – und ich bin eine richtig gute Traktorfahrerin geworden. Sagt zumindest Bauer Klaus. Was meinen Eltern diese progressive Offenheit zusätzlich erleichterte, war, dass sie ohnehin jeden gesellschaftlichen Rahmen sprengten, festgefahrene Strukturen aufbrachen und überall aneckten. Ab drei Kindern galt eine Familie in den Neunzigerjahren ja als „kinderreich" und erhielt vom Umfeld den sogenannten „Karnickelausweis", was dem damaligen Verständnis nach dem Attribut „asozial" gleichgesetzt werden konnte. Wie asozial von den Leuten damals, das so zu sehen, nich? Aber selbst Verwandte wiesen meine Eltern sanft darauf hin, dass es so etwas wie Verhütung gebe. Besonders deutlich fielen diese Warnungen wohl nach dem siebten Spross, also vor meiner Geburt, aus. Daher war meine Mutter bei der achten Schwangerschaft durchaus unsicher, wie mein Vater darauf reagieren würde. Als sie es ihm schließlich sagte, hatte er nichts Eiligeres zu tun, als im Dorf jedem davon zu erzählen, so stolz war er schon da auf mich. Und natürlich auf die starken Entscheidungen, die er gemeinsam mit seiner Frau traf.

Sich in der Gemeinschaft so zu positionieren, derart für seine Werte und Taten trotz teils massiven Gegenwinds einzustehen, hat uns alle in besonderer Weise geformt und für meine Eltern starke Kinder hervorgebracht, die nicht nur in ihrer Sache erfolgreich sind, sondern auch die alten, wichtigen Werte wie Demut, Gemeinschaftssinn und Dankbarkeit weitertragen.

## EMINEM STATT BLASKAPELLE

Wie ist das überhaupt mit den alten Traditionen und dem Geist der Erneuerung? Ich frage mich das oft, und alle, die auf dem Land leben, wissen genau, was ich meine. Na klar wollen wir Erntedank feiern. Aber für Menschen, die wirklich gerne Pop, Rock und Hip-Hop hören, ist eine Blaskapelle nun mal nicht das Höchste der Gefühle. Hip-Hop nehme ich jetzt nur der Vollständigkeit halber mit auf, Leudde. In Wirklichkeit unterscheidet es sich qualitativ in nichts von Blaskapellenmusik oder einem Orchester aus Musikern, die auf zusammengekniffenen Luftballons spielen. Wir wollen ja auf unserem Land leben, mit unserem Boden, unseren Tieren, unseren Pflanzen und allem, was dazugehört. Aber wir wollen halt auch mit der Zeit gehen! Wenn ich den Melkarm vermeiden kann (dat is so wat wie 'n Tennisarm, nur natürlich viel dramatischer), indem ich einen Melkroboter einsetze, dann liebe ich meine Ladys doch gleich viel mehr als vorher. Denn dann habe ich auch mehr Arbeitszeit, um ihnen zum Beispiel richtig tolle Lebensbedingungen zu schaffen.

Nichts ist für eine Tradition schlimmer als das verkrampfte Festhalten an immer gleichen Strukturen, das ist meine Überzeugung. Auch wenn der Krampfer dabei in guten Absichten versucht, die Tradition zu erhalten, wird er, wenn er sich gegenüber Neuem verschließt, nur die Abkehr davon und die Vernichtung seiner eigentlichen Ziele erreichen. Das ist, wie wenn man als Briefeschreiber moderne Kommunikationsmethoden verflucht, aber sein hübsches Briefpapier im Internet kauft, weil es dort mehr Auswahl gibt. Sich mit vermeintlich großen Veränderungen zu arrangieren ist jedoch alles andere als leicht, das gebe ich zu.

Nehmen wir doch das Beispiel des Kuhbauern Heinz, der mich damals nicht entschieden genug aus dem Nebenjob am Melkstand zu schubsen vermochte. Als er mich junges Ding bei den Kühen erblickte, läuteten all seine Alarmglocken. Denn für ihn waren gleich mehrere Traditionen in Gefahr. Zum einen war ich eine Frau, dazu noch jung, also vermeintlich berufsunerfahren. Und dann war ich auch noch direkt beim ersten Kennenlernen an diesem Heiligtum zugange! Denn aus der Sicht vieler Milchbauern kann man die Kunst des Melkens eigentlich gar nicht erlernen. Es ist offiziell eine Gabe. Eine Gabe, die irgendwo auf dem Y-Chromosom sitzen muss. Und das alles geschah auch noch in seinem Revier. An seinem Gerät. Das kann doch gar nicht funktionieren, dachte er sich und wollte sich wehren, seine Werte verteidigen. Aber nur, weil ich jung und Frau bin, heißt es doch nicht zwangsläufig, dass ich andere Werte habe als er! Genau das wollte ich damals beweisen, und genau das habe ich konsequent getan.

Auch Bauer Heinz konnte aus dieser Geschichte viel lernen. Er verstand, dass wir beide trotz unserer Unterschiede dieselben Ziele verfolgten. Dieselben Werte vertraten. Das war unglaublich mutig von ihm, nach unserem zunächst misslungenen Kennenlernen auf mich zuzugehen und mich danach als Mitarbeiterin auf Augenhöhe zu akzeptieren. Dafür musste er seine Befürchtungen, dass einfach alles zusammenbrechen würde, sobald seine Routinen und Traditionen verändert würden, schlussendlich überwinden. Musste die Ängste vor dem Kratzen an der eigenen Bedeutungslosigkeit, vor dem Abgelöstwerden – und dann auch noch durch eine Frau –, sicherlich mit viel Mühe bewältigen.

Eines habe ich daraus gelernt: Am besten nimmt man diese Hürden gemeinsam. Eine Neuinterpretation der Traditionen geht von beiden Parteien aus – von der, die die Werte altersbedingt weitergeben muss, und der, die genau diese fortführen möchte. Und sei es mit lauter Rockmusik, Pizza und Robotern (gemeint sind Melkmaschinen, nicht etwa Roboterkühe). Oder eben mit und von einer Frau.

# „DU KOMMST VOM LAND? OH, DAS TUT MIR LEID!“

„Ah, guten Morgen, Annemarie. Wir haben dich schon sehnsüchtigst erwartet.“

„Guten Morgen, Herr Peters. Tut mir leid, ich …“

„Was? Wieder Gegenwind?“

„Nein, ich musste ja noch zu den Ziegen und hab dann den Bus verpasst.“

„Und warum nimmst du nicht einfach den nächsten?“

„Bei Ihnen in Kiel kommen sie vielleicht alle sieben Minuten, bei uns in Hingstheide aber nicht. Da muss ich, wenn ich Glück hab, eine Stunde lang warten.“

„Du bist aber weit ÜBER eine Stunde zu spät, Annemarie! Du hast die komplette Doppelstunde Erdkunde verpasst. Wie willst du das bitte wieder aufholen?“

„Das schaffe ich schon. Was haben wir denn heute durchgenommen?“

„Funktionsweise eines Milchviehbetriebs. Erzählst du mir alles morgen, ja? Kannst dir die Unterlagen von Charlotte besorgen. Setz dich jetzt auf deinen Platz und pass auf.“

„Ja, Milchviehbetrieb … Da werde ich bestimmt Nachhilfe brauchen.“

„Wie bitte?“

„Ich sagte: ‚Das ist eine große Hilfe, danke!‘“

„Ah, alles klar ... Also, Kinder, wir machen weiter mit Podsolböden und ihrer Bedeutung für die moderne Landwirtschaft …“

Wer auf dem Land lebt, muss heftige Vor- und Nachteile in Kauf nehmen, auch als Schüler. Beginnen wir doch mit den Nachteilen: Der verpasste Schulbus war nicht mal das größte Problem. Eigentlich war schon die ganz normale Fahrt damit eine Zumutung. Eine volle Stunde lang tuckerte das Ding durch die Karpaten und sammelte genervte Dorfkinder aus allen möglichen Winkeln der Welt ein, bevor es sie dann meist mit Verspätung an der Schule ablud. Ja, eine volle Stunde. Für eine Strecke, für die man, würde man nicht bei jedem Hinz und Kunz halten, maximal fünfzehn Minuten mit dem Auto brauchte. Eine Stunde hin und eine Stunde zurück. Plus die Wartezeiten, wenn man den Bus mal verpasst hatte. Und das alles jeden Tag. Ach ja, und man brauchte auch noch fünfzehn Minuten mit dem Fahrrad, um überhaupt zur Haltestelle zu kommen. Und wenn einem das Rad geklaut wurde, war der Rückweg noch länger.

Charlotte, die unbedingt darauf bestanden hatte, dass ich ihre „Milchviehbetrieb“-Hausaufgaben abschrieb (man muss sich unter Zuspätkommern ja helfen, sagte sie), wohnte direkt neben der Schule, keine fünfzig Meter Luftlinie entfernt. Und hatte somit zweieinhalb Stunden mehr Freizeit als ich. Täglich! Und schaffte es dennoch irgendwie, am meisten von allen zu spät zum Unterricht aufzukreuzen. Irgendwo habe ich mal gelesen, dass das gar nicht so ungewöhnlich ist. Kinder, die in der Nähe der Schule wohnen, kommen oft zu spät. Das liegt vor allem daran, dass ihr Unterbewusstsein ihnen vorgaukelt, da könne bei der Entfernung ja gar nichts schiefgehen. Daher lassen sie sich immer bis zum Äußersten Zeit. Das sind übrigens auch immer diejenigen Schüler, die ausschließlich zu Hause auf Toilette gehen und vor dem Unterricht keine Ziegen melken müssen. Ja …

Jedes Dorfbuskind hat dagegen mehr Kilometer auf dem Kerbholz als ein Lkw-Fahrer, der zwischen Frankreich und Polen pendelt. Wir verbringen über 500 Stunden pro Jahr im Bus. Ist das nicht irre? Was könnte man in diesen 500 Stunden alles erreichen? Ein Buch schreiben? Ausschlafen? Einem Altbauern auf einem Erntedankfest erklären, dass mit AC/DC, die man gerade ausnahmsweise und in Furcht vor den Konsequenzen in die Playlist gemogelt hat, nicht die Stromversorgung gemeint ist? Jedenfalls schaffte man in dieser Zeit eine ganze Menge. Doch dieses Schicksal der langen Busfahrten schweißte uns Betroffene irgendwie auch zusammen, und man freundete sich mit den übrigen Busfahrkindern über die Jahre so richtig an. Man sprach miteinander, man stritt, man fühlte mit. Kein Wunder, denn niemand konnte unser Leid so gut nachvollziehen wie wir selbst. Und wenn man ganz ehrlich ist, war das ewig lange Busfahren nicht immer so unpraktisch. Unzählige Hausaufgaben habe ich darin auf meinen Knien erledigt, unzählige Referate vorbereitet und für unzählige Klausuren gelernt. So konnte ich immer ein bisschen Zeit einsparen, um nachmittags meinen Eltern unter die bäuerlichen Arme zu greifen. Und an manchen Tagen war man auch aufgrund des nordischen Wetters recht froh, in so einem Bus zu hocken. Meine Brüder mussten auf halbem Weg zur Schule mal auf ihren Fahrrädern umdrehen, weil sie wegen des starken Windes und Regens gar nicht vorangekommen waren. Denn so ein Wetter wird echt unterschätzt, Leute. Rechnet man sich das aus, wird es klar. Schaut: Allein bei Windstärke fünf (was mit 29 bis 38 Kilometern die Stunde noch 'ne leichte Brise ist) erhöht sich der Strampelaufwand von Brüdern bei Gegenwind locker um das Zwei- bis Dreifache. Und wenn dann auch noch Regen dazukommt, wird man von den Tropfen ja auch ein bisschen zurückgeschoben. Plus drehen die Reifen auf dem nassen Grund durch, was die armen Radfahrer noch mal um einen gewissen Faktor verlangsamt. Gegen all das anzukämpfen machte für meine Brüder null Sinn – also fuhren sie wieder heim – und wurden von meinen Eltern schön zurückgeschickt. Schule ist nun mal wichtiger als Wetter, sagte mein Vater damals. Und meine Brüder fuhren tränenüberströmt wieder von dannen. Zumindest sahen sie in dem Moment so aus, sie waren ja klatschnass. Ob ihre Lehrer ihnen ihre Gegenwind-„Ausreden" an jenem Tag glaubten, will ich gar nicht erst wissen.

## EINMAL ELTERNTAXI, BITTE

Was aber dieses abgeschottete Landleben immer großartig macht, ist der Abstand zu den Nachbarn, den wir von klein auf kannten und schätzten. Nur australische Farmer können ihre Musik noch lauter aufdrehen als wir, ohne irgendwem auf die Nerven zu gehen. Bei uns auf dem Hof wurden die wildesten Partys gefeiert, bei denen so einige Ladys und Kerle nicht nur ihre Altfräulichkeit verloren (ich habe diesen Satz extra kryptisch geschrieben, für den Fall, dass meine Eltern mitlesen. Man muss denen ja nicht alles verraten). Dementsprechend tummelten sich bei uns auch immer wieder Freunde und Bekannte, die zu Hause ein anderes Leben kannten und bei uns schnell in Versuchung gerieten, den Bauernhof zu romantisieren. Sie fanden die Trecker, die Kühe und den Heuboden unglaublich aufregend und wollten unbedingt alles sehen, alles anfassen. Sie wussten natürlich nicht, wer diese Heuballen da oben unter welchen Torturen gestapelt hatte oder wer, und vor allem wie oft, bei den Kühen saubermachte, damit das alles „so cool“ aussah, wie es eben aussah. Daher waren alle, die uns zum ersten Mal aufsuchten, überschwänglich begeistert. Doch bereits beim zweiten Besuch kühlten die meisten Gemüter schnell ab. Denn die Klamotten rochen immer so sehr nach Stall, außerdem sahen die Kühe ja irgendwie alle gleich aus, und überhaupt …

„Annemarie, hast du grad Deo da? Wir wollen ja gleich noch auf die Party, und ich riech so ein bisschen nach Kuh“, fragte die Freundin einer Freundin, während wir zu Vorglüh-Zwecken in meinem Zimmer hockten und dummerweise die Tür hatten offen stehen lassen.

Ich wollte gerade antworten, da ertönte es basslastig aus dem Flur: „Dabei warst du heute ja gar nicht im Stall, Melanie! Hahaha.“

Ja, meine Brüder liebten es, meine Besucherinnen auf den Arm zu nehmen, und kannten die Vorzüge wie auch die

Probleme des abgeschlagenen Dorflebens nur allzu gut. So kam es immer wieder vor, dass sie sich nach einer Auswärtsparty dafür entschieden, zu Fuß nach Hause zu gehen. Nachts und betrunken hat man ja bekanntlich immer die besten Ideen. Und so landete etwa mein ältester Bruder Henning nach einem Fünfzehn-Kilometer-Marsch auch schon mal im Stall auf dem Futtertisch (da liegt das Essen für die Kühe) oder im Silo, um dort in Ruhe den Rausch auszuschlafen. Immerhin hatte er es auf unser Gelände geschafft. Holger, mein drittältester Bruder, brachte es dagegen morgens um drei mal fertig, dieselben fünfzehn Kilometer zu laufen, allerdings in die falsche Richtung. Somit war der bisherige Heuer'sche Rekordhalter dreißig Kilometer von zu Hause entfernt und musste, weil es noch keine Handys gab, um fünf Uhr morgens bei Wildfremden klingeln und den elterlichen Notruf bemühen, der ihn dann abholte und kopfschüttelnd nach Hause fuhr.

Verrückte Entfernungen galt es auch zu überwinden, wenn meine Schwester beispielsweise mit ihren Freundinnen bei uns zu Hause vortrank. Sie feierten traditionell immer ein bisschen weiter weg, und so geschah es einmal, dass sie im Vorlauf der Party ein wenig übertrieben hatten, dann von meinem Bruder eine Stunde lang hingefahren wurden, sich direkt nach dem Aussteigen übergeben mussten, um wenige Minuten später wieder eine Stunde lang nach Hause gefahren zu werden, denn sie waren auf einmal zu müde. Von der eigentlichen Feier haben sie nichts mitbekommen, konnten aber froh sein, mit der Fahrerei bloß zwei Stunden ihres Lebens verschwendet zu haben. Mit dem Bus wären sie vermutlich heute noch unterwegs …

Als wir Geschwister allmählich größer wurden und die Dorfpartys uns zunehmend langweilten, wollten wir unsere

Wochenendabende ausschließlich in Kiel oder Hamburg verbringen. Und weil die vorletzte Bahn dann um 00:00 Uhr und die letzte um 04:30 Uhr nach Hause fuhr, übernachteten wir häufig irgendwo, wo sich gerade die Gelegenheit bot, oder ließen uns mitten in der Nacht von den Eltern abholen, was auf der Nachhausefahrt nicht selten erinnerungswürdige Dialoge entstehen ließ.

„Annemarie, hast du getrunken?“

„Ja, ganz viel Wasser. Soll ja gesund sein, weißte doch, Vadder.“

„Erzähl keinen Quatsch, ich hab deine Fahne schon von zu Hause aus gerochen.“

„Nein, ehrlich. Bier besteht, chemisch gesehen, ja auch fast nur aus Wasser. Zu über 90 Prozent sogar! Und da ist es auch egal, wie viele Biere man austrinkt, es bleibt immer bei diesen 90 Prozent.“

„Was redest du da …?“

„Kannst du grad mal ranfahren? Mir wird beim Autofahren immer so schlecht.“

„…“

Ja, nicht immer waren unsere Eltern mit unseren Partyergebnissen einverstanden, ließen uns aber dennoch halbwegs in Ruhe und spielten, zwar meckernd, aber oft und zuverlässig, das Taxi. Unserer Gesundheit hat die auf dem Dorf verbrachte Jugend natürlich in irgendeiner Weise geschadet, aber wofür hat der Mensch nun mal so viele Gehirnzellen? Über 80 Millionen Nervenzellen sollen das sein. Fast so viele wie Bundesbürger. Seltsamer Zufall. Aber jetzt nutze ich meine Hirnzellen schon wieder fürs Abschweifen … Jedenfalls werden ja durchschnittlich eh nur etwa zehn Prozent davon aufs ganze Leben verteilt eingesetzt, wie man sagt.

## DORFATTRAKTIONEN UND LISTIGE VÄTER

Ringreitturniere, Schützenfeste und Feuerwehrbälle fanden wir als kleinere Kinder ganz großartig. Dort wurde immer eine Tombola durchgeführt, und wenn wir Knirpse mit meinem Vater allein unterwegs waren, war er besonders spendabel. Vermutlich um anzugeben, was für ein toller Elternteil er doch ist. Wir konnten so viele Lose kaufen, wie wir wollten, und hin und wieder haben wir sogar etwas gewonnen. Die Kaffeemaschine, die mir als Siebenjähriger feierlich überreicht wurde, steht immer noch irgendwo auf dem Dachboden rum. Damals habe ich sie voller Stolz in mein Zimmer gestellt, mich wie eine Große gefühlt und Teebeutel in die Kanne getunkt. Kaffee trinke ich ja erst, seit ich erwachsen und von diesem Teufelszeug Tee runter bin. Ein Laster pro Lebensabschnitt ist mehr als genug.

Zu diesen Turnieren und Festen sind wir rückwirkend betrachtet irgendwann nur mitgekommen, weil Vater uns mit Losen lockte. Denn die Faszination für die Feste selbst hatte eigentlich schon recht früh abgenommen. Irgendwie blieb alles von Jahr zu Jahr gleich, und die Tombola-Preise wurden nicht besser. Was wollte man dort also noch? Eine Kaffeemaschine hatte ich ja bereits, der Rest war nicht der Rede wert. Wäre das anders gewesen, wenn man die Feste modernisiert hätte? Vielleicht lag es aber auch daran, dass man sich als Kind für ganz andere Dinge begeistern kann denn als erfahrener, zunehmend gelangweilter, erwachsener Mensch.

Doch in Erinnerung ist es dennoch geblieben. Zumindest mein Teegerät. Ich habe mich bereits umgeschaut, ob es hier in der Uckermark auch so etwas Ähnliches gibt. Dann könnte ich Martin und die Kinder immer losschicken, so für'n Tach. Natürlich nur, um in Ruhe zu melken.

## AUCH LANDKINDER HABEN SEHNSÜCHTE

Wenn wir Süßigkeiten haben wollten, mussten wir Dorfkinder immer mindestens zwanzig Minuten bis zum nächsten Supermarkt radeln, was das ganze Unterfangen schließlich ziemlich sinnfrei werden ließ. Die Kalorien, die man sich mit so einer gemischten Tüte mühsam angegessen hatte, wurden beim anstrengenden Hin- und Zurückstrampeln ja locker wieder verbrannt. Wir haben es aber trotzdem immer und immer wieder gemacht. Denn es ging dabei ja nicht nur um Süßigkeiten. Mit zwei Euro in der Tasche, die man von den Eltern zugesteckt bekommen hatte, fühlte man sich damals unglaublich reich, und die riesige Auswahl in so einem Supermarkt ließ die Vorfreude explodieren. Dennoch versuchten wir damals schon, das meiste aus einem solchen Einkauf rauszuholen, und kauften fast immer nur diese komischen Weingummischuhe beim Bäcker. Die schmeckten zwar unglaublich mies, aber für zwei Euro bekam man ganze 200 Stück. Eine bessere Kaufquote hätte man mit anderen Süßigkeiten niemals erreicht.

Jahre später haben wir auch so einiges an Strecke zurückgelegt, nur um heimlich an einer Kippe zu ziehen. Wir fuhren immer mindestens zwanzig Kilometer weit weg, in ein nahe gelegenes Waldstück, weil wir dort sicher sein konnten, beim Paffen von niemandem, außer vielleicht von neugierigen Bären, beobachtet zu werden. So liefen wir jedenfalls nicht Gefahr, dass Vater oder Mutter irgendetwas davon erfahren würden. Die Bären sprechen im Regelfall ja kein Deutsch.

Und nicht nur die Strecke dorthin war aus heutiger Sicht extrem übertrieben. Wenn wir zum Qualmen unterwegs waren, hatten wir Handschuhe und Wechselklamotten dabei und eine Duschhaube auf dem Kopf, um möglichst unschuldig und geruchsneutral wieder nach Hause zu kommen. Die Hände neutralisierten wir einfach mit Blättern. Wenn man diese zerreibt, ist das meist besser als Deo. Und die Duschhaube … Nun ja, die Haare riechen nach der Pafferei so stark nach Rauch, dass wir die Peinlichkeit, mit einer solchen gesehen zu werden, einem Erwischtwerden stets vorzogen. Mittlerweile frage ich mich natürlich, ob man die Duschhaube nicht hätte erst im Waldstück aufsetzen können. Aber gut, das ist eine andere Story …

## AUFM LAND IST SELBST DAS SCHLEIFPAPIER RAUER

Generell könnte man sagen: Je jünger man war, desto mehr liebte man das Landleben. Klingt schon fast nach einer modernen Bauernweisheit (Notiz für mich: Später im Buch ein paar Bauernweisheiten raushauen!).

Und diese eine hier stimmt. Denn als kleines Kind war das ländliche Umfeld ganz großartig. Die vielen Tiere, die frische Luft und die Unmengen an Platz. Als beginnende Teenager konnten wir nicht nur Musik hören, die wir wollten und wann wir wollten, sondern auch spielen, rennen, tanzen und toben, und das auf ganz weiter Flur. Wir wuchsen mit Gleichgesinnten auf, hatten vergleichbare Interessen, Werte und Normen und dieselben Feier-Locations. Und wir waren diejenigen, die, sobald das sensationelle Sportfreunde-Stiller-Konzert in Hamburg vorüber war, mit den Millionen Hormonen und Hochgefühlen im Bauch zur Bahn sprinteten und in letzter Sekunde reinsprangen. Man konnte uns im Abteil immer an den zerzausten Haaren und den einstudierten Tanzmoves im Vierer erkennen. Und wurden wir mal von anderen auf unser Anderssein angesprochen, hatten wir immer einen wehrhaften Spruch auf den Lippen. Denn auf dem Land geht es im Wesentlichen etwas rauer zu, das ist kein Klischee. Der Umgang miteinander ist ein bisschen direkter, ein bisschen authentischer. Fast so wie in Bayern, nur halt bundesweit – überall, wo es Dörfer gibt. Eine Stadt-Freundin hat mir mal erzählt, wie sie ihren Ehemann erzieht, damit er seinen Homeoffice-Raum sauber hält. Denn auch Männer müssen ordentlich sein, darauf legen wir Frauen wert. Immer wieder nahm er Tassen, Schüsseln, Flaschen und Teller mit hoch und brachte sie über Tage nicht zurück. Und so kaufte meine Freundin Mareike eines Tages eine kleine, täuschend echte Plüschratte und setzte sie ihm heimlich ins Büro neben so einen nicht abgewaschenen Teller, damit er sich am nächsten Morgen ordentlich erschreckte und verstand, was er falsch gemacht hatte. Und das hat hervorragend funktioniert! Der Gute hat seitdem nicht nur immer sein Geschirr am selben Tag wieder runtergebracht, sondern auch noch eine handfeste Rattenphobie entwickelt, die Mareike ziemlich praktisch findet. So kann sie ihn in bestimmten Situationen künftig noch ein bisschen besser erziehen, sagt sie. Schön für sie. Aber wenn mein Mann mal so etwas machen sollte, würde ich in typischer Landleutemanier sanfter vorgehen und ihn einfach fragen, ob er denn bitte bekloppt geworden sei, dreckiges Geschirr über Tage am Arbeitsplatz stehen zu lassen. Na gut, in unserem Fall, an seinem Arbeitsplatz neben der Kuhscheiße, würde das nicht unbedingt auffallen, aber ihr wisst, was ich meine. Diese direkte Art halt, die man sich – auch als Frau – auf dem Land noch erlauben darf, ohne dass jemand gleich zur Polizei rennt, weil er gerade „mit Landleute-Rauheit brutal angesprochen" wurde.

Das heißt natürlich nicht, dass Menschen, die nicht auf dem Land leben, diese Attitüde gleich übernehmen oder gar nachvollziehen müssen. Nein, jeder lebt, wie er will. Auch wenn er falsch lebt. Denn unser Ansatz ist natürlich der richtige. Punkt. Dabei sollen wir angeblich von denselben Vorfahren abstammen, wie wir einst in Bio gelernt haben. Städter können die vorherigen Sätze übrigens gerne überlesen, wenn sie ihnen nicht passen. Oder mich anzeigen, weil ich damit zu rau bin. Keine Ahnung, wie sie sich damit fühlen. Denn zugegebenermaßen macht man sich naturgemäß nur wenige Gedanken darüber, wie andere Gesellschaftsblasen so leben.

## JÜRGEN, DEIN ARM IST AB!

Nehmen wir beispielsweise „Krank sein auf dem Land". Das ist seit Ewigkeiten ein Riesenthema in der Landwirtschaft. Jahrzehnt für Jahrzehnt erzählt man sich, wie nervig das ist, dass Bauern sich Kranksein nicht leisten können und dass sich bitte etwas ändern solle. Und dennoch kommen wir nicht umhin, es genauso fortzuführen wie schon die Generationen zuvor.

Ich für meinen Teil erinnere mich nicht an kranke Eltern. Und mein Mann auch nicht. Meine Eltern waren selbstverständlich von Zeit zu Zeit auch körperlich angeschlagen, erkältet, Grippegeplagt und auch mal schwanger (vor allem meine Mutter), aber ausgelebt wurde das eigentlich nie. Eines denkwürdigen Tages bekam mein Vater sogar „Magen-Darm" ab, obwohl er vorher felsenfest behauptet hatte, ihn würde so eine „alberne Kinderkrankheit" niemals erwischen. Er sagte das, weil wir Kinder in jener Woche alle bereits infiziert waren und durch die Gegend schwächelten. Am Ende erwischte ihn es doch, und nur meine Mutter kam als Einzige ohne Infekt davon. Das ist eine dieser wenigen Storys, die mein Vater nicht gerne hört. Ja, natürlich waren sie doch mal krank, aber Tiere, Mitarbeiter und Hof „wegen solcher Lappalien" jemals zu vernachlässigen wäre als Hofbesitzer schlicht undenkbar gewesen. Auch vom Tag meiner Geburt erzählte mein Vater später, dass die Elternzeit meiner Mutter mit mir ziemlich genau 570 Minuten betragen hätte. Morgens, sagte er, habe sie entbunden und nachmittags wieder gearbeitet, als wäre nichts gewesen. Sie wirkte an jenem Tag nur ein bisschen nachdenklich, als hätte sie eine komplizierte Suppe gekocht und nicht gerade ihr achtes Kind zur Welt gebracht. Mehr aber nicht. Diese verrückten Bauern halt. Aber auch mein Vater setzte seine Arbeit, wie so viele andere Bauern auch, nicht nur mit einem Virus im Bauch, sondern auch über ein halbes Jahr lang mit gebrochenem Handgelenk fort. Er konnte doch unmöglich schlappmachen. Erst recht nicht bei so einer kämpferischen Ehefrau wie seiner. Auch von meiner Schwiegermutter hörte ich mal den Satz: „Wenn ich Fieber habe, dann jage ich jede Kuh besonders hoch auf die Weide. Heute erst recht."

Ja, immer wieder bekomme ich Zuschriften von verängstigten Bodybuildern, die mir unbedingt mitteilen wollen, wie viel Respekt sie vor Altbäuerinnen haben und wie toll sie ihre Arbeit finden. Tatsächlich glaube ich, sie wollen sich nur mit mir gut stellen, damit ich, sollte es bei ihnen mal zu einem Konflikt mit so einer kommen, ein gutes Wort für sie einlege. Ja, so sind sie, die (Schwieger-)Mütter vom Lande. Zu viel haben sie auf ihrem optisch nicht vorhandenen Buckel.

# LANDMÜTTER HABEN ZWÖLF PS – ÜBER DORF-TRADITIONEN, WERTE UND DIE GEMEINSCHAFT

„Annemarie, kannst du mir bitte die Hefe geben?“

„Jo.“

„Nee, doch lieber Sahne!“

„Wat?“

„Welchen Kuchen hatte die Hilde letztens noch mal, weißte dat noch?“

„Käse, glaube ich.“

„Mist!“

„Wat is?“

„Nix! Lauf mal grad in den Garten und hol mir ein Kilo Himbeeren.“

„Oah, Mudder …“

Das war bei Weitem nicht der einzige seltsame Dialog, den ich mit meiner häufig gestressten Mutter geführt habe. Warum aber war sie denn immer und immer wieder so gestresst? Na ja, da gibt es sehr viele Gründe. Sie alle haben seltsamerweise irgendwie mit Bräuchen und Traditionen zu tun, die entweder irgendwann unnötig ausgeufert sind oder abgeschafft wurden. Aber lest gerne selbst.

Als ich noch ein kleines Kind war, fanden permanent irgendwelche Dorftreffen statt. Mal wurde zu Kuchen geladen, mal zum Braten, mal einfach so, um über Kuchen und Braten zu schwatzen. Dabei musste es aber natürlich auch Kuchen, Braten oder gleich beides geben. Diese Treffen fanden gefühlt ständig statt, und diejenige Hoffrau und Mutter, die als Nächstes dran war, hatte allerhand zu tun. Es wurde gebacken, gekocht, gebraten, gefegt und gewischt, und das tagelang. Denn hatte man bei den Teilnehmerinnen dieser Veranstaltungen einen geschmacklichen Volltreffer gelandet, sprach das ganze Dorf wochenlang nur davon, wie toll doch Sibylles Rinderbraten geschmeckt hatte. „So richtig saftig war das Fleisch, und ich konnte die Kuh beim Kauen noch hören", sagte man dann begeistert, und alle anderen stimmten kopfnickend zu. Zumindest nahm die letzte Gastgeberin an, dass über ihr Essen ausführlich gesprochen wurde, und setzte sich und alle Folgenden damit unter Druck. Denn niemand auf dem Land wollte diejenige sein, deren Kuchen zum Beispiel nach Braten schmeckte und umgekehrt. Dann hätte die Ausrede, man habe in der Hektik lediglich die Rezepte vertauscht, auch nichts mehr genützt.

Aber gut, das alles führte natürlich dazu, dass die Frauen zusätzlich zu ihrer sonstigen ausufernden Arbeit tagelange Vorbereitungen hatten. Denn man musste ja auch aufpassen, dass man nicht versehentlich etwas Ähnliches backte, was irgendjemand bereits vor siebzehn Monaten in Angriff genommen hatte. Denn eine Torte, die es schon mal gegeben hatte, konntest du einfach nicht nehmen. Egal, wie lecker sie war. Da wären alle sofort gelangweilt gewesen. Das käme auf dem Land einer Katastrophe gleich, und noch jahrzehntelang würde man darüber reden. Die Frauen führten akribisch Buch, wer wann was vor ihnen zubereitet hatte, und gaben sich größte Mühe, sich jedes Mal etwas Neues einfallen zu lassen. Meine Mutter hatte deswegen mehr Koch- und Backbücher in den Regalen, als es überhaupt Einwohner in Hingstheide gab. Und die eingeladenen Frauen schienen immer zufrieden gewesen zu sein. Aber waren solche Traditionen es wert, erhalten zu werden?

## WENN EINE TRADITION BEREITS IM KEIM FAUL IST

Etwa fünfzehn Frauenzimmer versammelten sich bei solchen Treffen auf engstem Raum. Sie saßen dann alle in der Stube, in der gerade noch acht Kinder herumgewirbelt waren und ein dreckiger Hofhund seinen Mittagsschlaf abgehalten hatte. In der Küche, in der sich eben noch meine Mutter den Kopf darüber zerbrochen hatte, wie ihr neuer, selbst ausgedachter (man wollte ja nichts wiederholen) Trüffelsahnerhabarbarhackkuchen allen denn schmecken würde. Er schmeckte vorzüglich und war locker die zwölftausend Stunden wert, die sie dafür aufgewendet hatte.

Aber irgendwann – oh Wunder – begannen die ersten Frauen damit, niemanden mehr einzuladen. Erst war es die Hilde, dann die Sibylle und dann auch die Elke, also meine Mutter. Die Frauen hatten es irgendwann satt, sich zusätzlich zu den üblichen Haushaltsstunden auch noch bis spät am Abend am Herd aufzuhalten. Und sich über Wochen danach noch diesem enormen Druck auszusetzen, während andere sich über das vergangene Essen die gesättigten Münder zerrissen. Und so gingen die ersten Frauen das Risiko ein, diese ungeheure Schuld auf sich zu laden und eine langjährige Tradition zu brechen. Und immer mehr schlossen sich ihnen an. Der Mut der ersten Frau, zu ihrer vermeintlichen Schwäche zu stehen und zu sagen: „Leute ich schaffe das einfach nicht mehr“, hat wiederum den Mut vieler anderer Frauen geweckt.

Warum hat das aber so reibungslos funktioniert? Zum einen glaube ich, dass diese eine Tradition ohnehin auf einer falschen Basis beruhte. Denn das Kuchen-/Braten-Treffen war ja selbst schon ein Lückenfüller. Für den weggefallenen Dorfkrug, in dem sich hauptsächlich Männer getroffen hatten. Die Dorfkrug-Lücke wurde also mit der falschen Klientel gefüllt. Und das musste ja über kurz oder lang schiefgehen. Das erkennt man auch daran, dass heute die weggefallenen Treffen kaum noch jemand vermisst. Stattdessen wird das Vakuum, das übergangsweise die Landfrauen füllten, nun durch größere Weinfeste, Schützenfeste und Osterfeuer ausgeglichen. Die gab es vorher im Ansatz zwar auch, aber jetzt sind sie größer und besser organisiert. Die Gastgeber auch solcher Events wechseln sich ab, und jeder Hof ist irgendwann einmal dran, doch die ganze Arbeit hängt jetzt nicht mehr allein an den Frauen. Ich finde, das ist ein hervorragendes Beispiel, wie man Traditionen an neue Lebensrealitäten anpassen kann, ohne ihren Kern zu verlieren.

Interessant ist es aber, dass selbst der Wegfall solcher Traditionen, die – na ja, sagen wir mal – nicht auf ordentlichen Grundlagen aufgebaut waren und wahrscheinlich deswegen auch nicht lange funktionieren konnten, von der älteren Frauengeneration mit Argwohn beäugt wird. Für sie haben die neuerlichen Dorffeste das Vakuum dieser reinen Frauentreffen nie richtig füllen können. Und das, obwohl diese Treffen auch für sie – und vermutlich erst recht für sie – so anstrengend waren. Anscheinend ist das Beenden eines Traditionsstranges eine solch hohe soziopsychologische Hürde, dass man sich scheut, selbst nichtfunktionale Strukturen zu verabschieden. Und auch deswegen müssen wir bei unseren Modernisierungsbestrebungen konsequent, aber behutsam vorgehen.

## SIE WILL ETWAS ÄNDERN – SIE IST EINE HEXE!

Ähnlich sperrig verhielt sich im Übrigen auch der sogenannte Landfrauenverein, dem meine Mutter eine kurze Zeit angehört hatte. So ein Landfrauenverein ist für Frauen vom Lande gedacht, die sich gerne über Haushaltszeug, Kochen, Backen, aber auch Gärtnern und Kulturelles kompetent austauschen wollen. Es wird hier und da auch mal ein Ausflug geplant und gelegentlich über Männer gelästert (natürlich nur jeweils über die eigenen, man war ja gut erzogen). Eine spannende Sache eigentlich. Und so ging meine Mutter eines Tages als neues Mitglied zu einer solchen Landfrauen-Veranstaltung und setzte sich einfach auf irgendeinen freien Platz.

Warum auch nicht? Dort stand schließlich ein leerer Stuhl, und sie besaß einen funktionierenden Hintern, möchte man meinen. Die Voraussetzungen passten also alle. Falsch gedacht! Denn unmittelbar nach dem ungeheuerlichen Verbrechen trat wie aus dem Nichts eine erfahrenere Landfrau an sie heran und meinte, das wäre doch ihr Platz. Meine verdutzte Mama suchte vergeblich nach dem Namensschild auf dem Stuhl, fand aber keines und wartete die weitere Argumentation der Dame geduldig ab. Diese sagte, sie habe schon seit Jahren darauf gesessen, und jede anständige Frau in diesem Land wisse das. Aus Respekt vor der älteren Frau setzte sich meine Mutter woandershin, offenbar auf einen Stuhl, auf dem all die Jahre vor ihr jemand Unsichtbares gesessen haben musste. Denn diesmal beschwerte sich niemand.

Als dann aber später die nächste Sitzung geplant wurde und meine Mutter – sie wollte ja dazugehören – wohlwollend einen Kuchen vorschlug (zur Abwechslung einen, den sie im Landfrauenverein noch nicht gemacht hatten), waren alle geschockt und rümpften die Nasen. Damit war das Schicksal der Landfrauen-Zugehörigkeit meiner Mutter besiegelt, und sie ging davon.

Heimlich ist sie noch viele, viele Jahre Landfrau geblieben, indem sie einfach auf dem Land wohnt und eine Frau ist (clever, nicht?), aber jener Verein hat sie seitdem nicht mehr gesehen. Meine Mutter war bereit gewesen, sich aktiv in diesen Verbund einzubringen, dort mitzumachen, Kompromisse zu akzeptieren. Aber der seltsame Platzverweis und das ignorante Naserümpfen in Richtung Kuchenvorschlag ließen sie sofort klein und unbedeutend für diese Gemeinschaft erscheinen. Anstatt sich über frischen Wind und neue Gesichter zu freuen, waren alle gestandenen (und die eine gesessene) Landfrauen von der Neuen direkt angegriffen und signalisierten ihr, dass sie definitiv nicht so willkommen sei wie gehofft. Damit schmetterten diese Frauen nicht bloß Modernisierungsversuche ab, sondern auch jegliche Chancen, einen gesunden Nährboden für Nachwuchs zu schaffen. Dieses Verhalten hätte nur Sinn gemacht, wenn man das Ziel gehabt hätte, sich mittelfristig aufzulösen. Oder die waren alle einfach nur auf Mutters Kuchenzutaten allergisch, wer weiß dat schon. Ob das bewusst oder unbewusst geschah, sei jedenfalls mal dahingestellt. Ich glaube, solche Vereinigungen entwickeln eine Art toxische Gruppendynamik, und passt man nicht auf, fressen sich solche traditionellen Kreise am Ende selbst.

## TRADITIONEN VON TÜDDELBAND BIS MAIFEUER

Was genau sind eigentlich diese „Traditionen"? Glaubt man ChatGPT Internet (buh – die Paulsen nutzt diesen neumodischen Schnickschnack!), ist „Tradition" definiert als „kulturelles Erbe" oder Praxis, die von Generation zu Generation weitergegeben wird und typischerweise Werte, Überzeugungen, Bräuche, Rituale und soziale Normen umfasst. Traditionen sind demnach wichtige Elemente der Identität und des Zusammenhalts in Gemeinschaften und Familien. Sie können regional, national oder gar global sein und dienen dazu, die Kontinuität zu fördern, wobei Kontinuität für Beständigkeit, Stetigkeit und gleichbleibenden Verlauf stehen soll.

Welch ein klassisches Fachgeschwafel. Aber so weit, so gut, es trifft ja zu. All diese Aspekte werden auch, wenn wir uns erinnern, vom schubsenden Bauern Heinz bedient, der es zum Beispiel seinerzeit von den Generationen vor ihm gelernt hatte, dass ein Milchstall von Männern geführt werden müsse, und zunächst der Auffassung war, durch seine Praxis die Stabilität des Hofs und somit auch die der Gemeinschaft zu fördern. Bis er durch mein Zurückschubsen eines Besseren belehrt wurde, womit er sich im Übrigen im Nachgang hervorragend arrangierte, wie wir ja wissen. Aber auch als Bauer lernt man nie aus. Und siehe da – hier greift ihm die Definition ebenfalls unter die Arme. Denn weiter sagt sie aus, dass Traditionen im Laufe der Zeit weiterentwickelt werden können, um sie an neue Kontexte und Bedürfnisse anzupassen. Und genau hier möchte ich ansetzen. Aber bevor ich damit beginne, sollte ich ein für alle Mal klären, was dieses merkwürdige „Tüddelband" eigentlich ist. Jetzt musstet ihr ja schon 104 Seiten lang ausharren, seitdem ihr das Cover gesehen habt, bevor ihr die Lösung erfahrt. Viele werden es vermutlich schon wissen, einige aber noch nicht. Denn ich werde immer wieder danach gefragt. Also: Wir Bauern binden ja alles Mögliche an, fest und zusammen. Mal sind es Heuhaufen, Hunde oder lockere Zaunelemente, mal aber auch Arbeitsabläufe, Projekte und Mitarbeiter. Gemeint ist natürlich nicht, dass wir sie irgendwo im Keller an die Heizung festknoten, sondern dass wir damit die Logistik und somit den Betrieb, also unsere Gemeinschaft, zusammenhalten. Mim Tüddelband halt.

Ich bin in einer Zeit aufgewachsen, in der ich sowohl hochtraditionelle Gemeinschaften als auch die ersten ernsthaften Zweifler an traditionellen Bräuchen erfahren habe. Das ist so ein bisschen wie der Jahrgang meiner ältesten Brüder, die ihr erstes Handy erst mit zwanzig bekamen. Sie wissen noch sehr genau – und das kann man sich heute gar nicht mehr vorstellen –, wie man sich ohne WhatsApp und Co. zum Skaten verabredet oder wie man es schafft, ein Konzert live und nicht auf dem Handybildschirm zu verfolgen, obwohl man direkt vor der Bühne steht. Und gleichzeitig haben sie gerade noch so all die Vorzüge der Digitalisierung mitbekommen und teilweise selbst daran erfolgreich partizipiert. Siehe meinen Doktor-Bruder und seine selbst geschriebene Software.

In meiner Erinnerung präsent sind noch die Osterfeuer und die Maifeuer, bei denen wir Altholz und Äste verbrannten. In Schleswig-Holstein betrieben wir jedes Jahr von Oktober bis Februar die sogenannte Knickpflege, die Pflege der Knickgehölze, von denen wir in der Uckermark ja leider nur wenige haben. Und dabei kam immer so einiges für das Feuer zusammen. Diese Feuer wurden dann meist von Landjugenden organisiert, wobei es neben hin und wieder seltsam dunklem Rauch und Bratwürsten natürlich auch Alkohol gab. Boah, manchmal haben die Jungs Dinge verbrannt, das mag man sich heute gar nicht mehr vorstellen, sag ich euch. Daher war der Rauch auch so schwatt. Und obwohl die Kombination Alkohol und Feuer nicht die gesündeste ist, ist meist doch alles irgendwie gut gegangen. Wahrscheinlich, weil wir auf dem Land so verantwortungsbewusst sind und niemals Mist bauen würden …

Manchmal glaube ich, wenn ich so an meine Jugend zurückdenke, dass ich glücklich sein kann, wenn meine Kinder später nur etwa die Hälfte des risikoreichen Wahnsinns erleben werden, den ich mitgemacht habe. Das wäre dann schon crazy genug. Falls Gott hier mitliest, kann er das ja bitte bedenken. Jedenfalls mussten wir das Holz zurechtschneiden und umschichten, bevor es angezündet werden konnte. Zudem musste man erst die Kleintiere verjagen, die sich dort versteckten, und alles ordentlich umzäunen, damit niemand ins Feuer fiel. Als Bauernfamilie haben wir auf unserer Koppel unsere eigenen Feuer gemacht – am Anfang für uns, später mit Freunden, Bier und Würsten (womit sonst?) auf die Hand und irgendwann sogar mit Büfett. Besonders mutige Bauern haben dann Rampen aufgebaut und sind mit 70 Stundenkilometern mit ihren frisierten Treckern über das riesige Feuer gesprungen. Dabei haben sie Schweinshaxe gegessen und laut Sauflieder gegrölt. So stellt ihr euch doch feiernde Bauern vor, oder?

Nun, ganz so waghalsig lief das Ganze nicht ab, aber mein Vater fuhr immer wieder mit unserem Trecker viel zu tief ins Feuer, warum auch immer. Vermutlich um ein bisschen anzugeben. Er war ja der Hausherr. Jedenfalls hatte ich dabei immer panische Angst, der Trecker würde verbrennen. Mein Vater beruhigte mich aber und meinte, da würde doch gar nichts passieren. Außerdem wäre in den Traktorreifen bloß Luft drin, und die koste ja nix, falls dann doch. Das ist natürlich totaler Quatsch, aber trotzdem beruhigte es mich immer, wenn Vaddern so etwas sagte. Es gab mir die hundertprozentige Zuversicht, in Sicherheit zu sein. Und auch, dass meine Eltern die Maifeuer-Tradition immer wieder gewandelt und angepasst haben, war genial. So konnte sie quasi mit uns allen und unseren ständig wechselnden Ansprüchen mitwachsen. Ich frage mich nur, was der nächste Schritt dieser Anpassung gewesen wäre, würden wir noch bei unseren Eltern leben. Feuer spuckende Aliens und vegane Bratwurst? Vielleicht. Die Trecker-Feuer-Aktion von Bauer Helmut würde man ansonsten ja kaum noch toppen können.

## EIN ORDENTLICHES KRANZBINDEN

Wer kennt eigentlich noch dieses stressige ... äh, ich meine, gesellige Kranzbinden? Ich glaube, diese Tradition ist mir besonders präsent geblieben, weil sie bei meiner Mutter so einen starken Eindruck hinterlassen hat. Es gibt halt immer noch Bräuche, die man halt schon immer gemacht hat und bei denen sich niemand erinnern kann, woher sie eigentlich kommen. Und so einer war auch dieser, bei dem man seinem Nachbarn zur Hochzeit oder zu einem Hochzeitsjubiläum Kränze aus Tannen- und Eichenzweigen band. Und diese Kränze waren riesig, so um die fünf bis sieben Meter im Umfang. Ein ordentlicher Kranz muss ja über die Türränder hinausragen, dachte man sich. Alles darunter wurde nicht akzeptiert. Aber auf dem Land übertreibt man ja nie, so was darf man nicht sagen. Dort legt man nur auf alles zwei Schippen drauf. Und so traf man sich zur vereinbarten Zeit und band drauflos. Es war eine gut geölte Landmaschine, die brummte, flocht, band und schwatzte. Jeder, der dabei war, hatte seine eigene Aufgabe. Die einen besorgten das Material, die anderen Essen, die Dritten Getränke. Wenn alle nötigen und unnötigen Dinge dann da waren (einmal haben wir versehentlich die Katze der Nachbarn mit eingewoben, so riesig waren die Kränze, müsst ihr euch vorstellen), dann ging es ans Werk. Eine tolle gemeinschaftliche Tradition eigentlich. Man arbeitet an etwas Schönem, kann sich dabei unterhalten, und jemand hat am Ende einen Nutzen davon, sei es auch „nur“ durch die Freude über einen überdimensionierten Kranz. Man lernt sich dabei besser kennen, snackt und trinkt gemeinsam und weiß, dass die Unternehmung ein relativ absehbares Ende haben wird. Man traditioniert also quasi in gut einschätzbaren Portionen so vor sich hin, macht sich nützlich und hat sogar Spaß dabei.

Doch wie es die Natur der Sache so will, gibt es auch bei den geselligsten Unternehmungen ein Gefälle. Die einen sind mit einhundert Prozent bei der Sache, die anderen schauen nur zum Schwätzen vorbei. Die einen bekommen einen Kranz, die anderen heiraten nie und gehen leer aus. Und speziell das hat in den letzten Jahren ja extrem zugenommen. Und die Dritten fühlen sich wiederum in der Pflicht, und so wird es von ihnen auch erwartet, einen Kranz zu binden, weil sie selbst schon einen bekommen haben. Ein Teufelskreis, der, weil er nicht an moderne Entwicklungen angepasst ist, plötzlich alle bedroht. Ein Fehler im System, wenn man so will. Und so entstehen zwischenmenschlich übliche, aber doch zunehmende Konflikte, gebrochene Hemmschwellen und falsches Pflichtbewusstsein. Dass die Beschenkten beim Kranzaufhängen Schnäpschen und Bratwurst (so langsam finde ich das selbst gruselig) spendieren müssen, muss ich an dieser Stelle gar nicht erwähnen. Und dann wird der Kranz mit diesem Riesenbrimborium auch noch unmittelbar vor der Hochzeit aufgehängt. Das ist ja bekanntlich die Zeit, in der die Braut am entspanntesten ist und sich viel lieber stundenlang über einen Kranz freut, als sich um ihre fliehende Frisur und den ganzen Kopfschmuck zu kümmern. Über einen überdimensionierten Kranz, aus dem gelegentlich noch hier und da eine versehentlich mit eingeflochtene Spinne hervorkriechen kann, um die rund dreihundert spontan versammelten Kranzgratulantinnen zu erschrecken, die alle felsenfest behaupten, am Kranz mitgewirkt zu haben, und beim Bratwurstverputzen zu stören. Was kümmern die Braut in einem solchen Moment schon die

Vorbereitungen? Die eintausend unbeantworteten Voicemails der hypernervösen Trauzeugin können doch wohl warten! Wie auch das Kleid, das vorhin zwar noch zu klein war und deshalb Panik verursachte, aber das wird sich doch schon irgendwie von allein klären, oder? Immerhin sind ja noch ganze drei Stunden Zeit bis zur Trauung. „Also Leute, her mim Kranz! Und schön, dat ihr da seid! Hier, eure Wurst!"

Ja, all diese Umstände haben dazu geführt, dass dieser Brauch an Beliebtheit abnahm, wie ihr euch sicherlich denken könnt.

Die traditionspflichtbewussten Frauen, wie meine Mutter, wagten es aber zunächst nicht, damit zu brechen. Vor allem, weil er nicht sie allein betraf, sondern ein Ding der Gemeinschaft war. Und sobald man eine Mitverantwortung für andere hat, geht man mit Brüchen wesentlich vorsichtiger um. Zumindest tat das meine Mutter. Und so sehe ich sie noch vor mir, wie sie nach dem Melken hektisch aufsprang, um noch rechtzeitig auf der Diele eines Nachbarn Kränze zu binden. Nicht mehr so freudig wie einst, sondern eher nach dem Motto „Es muss ja so sein". Beim Kranzaufhängen selbst war sie häufig gar nicht mehr anwesend (ich vermute, wegen Bratwurstüberdosis), aber das Binden gehörte für sie noch lange zur Pflicht. Auch als viele gar nicht mehr mitzogen.

Erst in den vergangenen fünfzehn Jahren hat sie die Kranzbinderei mehr und mehr infrage gestellt. Denn es wurde allmählich deutlich, dass die jungen Leute gar nicht mehr auf diese Weise beschenkt werden wollten. Vom Binden mal ganz abgesehen.

Ich hab mir das Schauspiel so oft angeguckt damals, und ich wusste auch schon als Kind, dass da irgendetwas nicht stimmte. Ich erinnere mich noch an die Anfänge und auch daran, dass meine Mutter eine Zeit lang schon auch gerne mitmachte und uns mit Freuden davon erzählte. Aber diese Erzählungen nahmen ab, und das war aus heutiger Sicht gewiss auch ein Indikator für die Entwicklung dieser schließlich eingebrochenen Tradition. Zumindest bei uns. In manchen Teilen Deutschlands ist sie vielleicht noch erhalten. Ist aber sicherlich schon stark modifiziert worden, anders kann ich es mir kaum vorstellen. Wahrscheinlich binden bei denen jetzt die Männer. Und sie binden eigentlich auch nicht, sondern sitzen nur da, furzen und saufen Bier. Und wenn einer von ihnen auch noch Franz heißt, dann nennen sie die Tradition „Franzbinden“ und freuen sich über ihren Superwitz. Kein' Plan, aber das würde zu ihnen passen. So stelle ich mir das jedenfalls vor. Ansonsten ist doch unter Berücksichtigung all der Wandlungen der letzten Jahrzehnte kaum noch Raum für so etwas, auch nicht auf dem Land. Warum auch? Die Binder sind genervt, weil sie binden müssen. Die Beschenkten sind genervt, weil ihre Tür zu klein dafür ist. Die Nichtbeschenkten sind genervt, weil sie nicht beschenkt werden, obwohl ihre Tür eigentlich groß genug dafür wäre. Und die, die nicht mitbinden dürfen, sind genervt, weil sie nicht mitbinden dürfen. Nur die, die sowieso nicht binden wollten, sind zufrieden. Und das will doch kein Mensch! Zufriedene Nichtbinder, ts … Wo kommen wir denn da hin?

Mit zunehmenden Jahren verstarben die Generationen der traditionsbewussten Frauen und neue kamen ans Ruder. Und die neuen wollten lieber Polterabende feiern, als Kränze zu binden, und von anderen zu solchen Polterabenden eingeladen werden. Denn so etwas war ein gesellschaftlicher Ausweis, eine Art Ehrung und Zugehörigkeitstempel. Man zitterte quasi zuweilen, ob man eine solche Einladung bekam oder nicht. Daher lud man lieber oft und viel ein, um die Psyche seiner Mitmenschen zu entlasten. Diese zunehmende Feierei machte meiner Mutter als junger zugezogener Bäuerin ganz schön viel Arbeit. Denn ihr Ehemann war seit Generationen in der Gemeinschaft verankert und stark etabliert, was solche Feiern nur noch öfter und größer stattfinden ließ. Meine Mutter hat heute noch Albträume davon, die Gäste stünden bereits vor der Tür und das Essen sei noch nicht fertig. Claudia (wisst ihr noch?) hatte solche Träume in abgewandelter Form vielleicht auch. Dabei hätte das alles nicht sein müssen. Niemand hat sich ja speziell bei der Kranzbinderei so richtig gegen die Aufgabe der Tradition gestemmt. Vielmehr waren es die Frauen selbst, die sich, weil sie so traditionell und pflichtbewusst aufgewachsen waren, offenbar einredeten, dass etwas, was so lange existierte, nie im Leben falsch sein könne. Selbst wenn es gar keiner mehr fortsetzen will.

## MÄNNER – DAS SCHLECHTE GESTARK

Und was machen eigentlich die Männer, während die Frauen sich die Hände wund binden und mit Perfektionismus und übertriebenem Pflichtbewusstsein zerstressen? Na, die müllen sich gegenseitig mit ihrem Expertenwissen zu, zum Beispiel beim „Stallkiek“. Ja, so hat man das damals genannt. Dabei kamen alle bei einem Hof zusammen und haben buchstäblich in den Stall reingekiekt. Also reingeguckt. Die Männer reichten dabei langsam wankend und gönnerhaft den Tieren das Futter und fachsimpelten über die neuen Errungenschaften, Technologien und ihren Besitz.

„Sama Helmut, haste schon vom neuen ‚Fendt' gehört?"

„Nee, du. Wat kann er denn anners als meiner?"

„Na, der hat zehn Pferdestärken mehr unner der Haube und elektrische Fensterheber."

„Dat klingt ja schon gut, dann kann man im Winter schnell Fenster heben, um im Feld nich zu erfrieren, nech? Aber hatter denn auch nen hohen Einstiech? Weißte, mein Rücken macht mir allmählich zu schaffen ..."

So oder so ähnlich stelle ich mir die sinnlosen Gespräche der Männer von damals vor. Der Inhalt davon war ja völlig egal, denn den Männern ging es eigentlich nur darum, fachzuschnacken und Bier zu trinken. Während ihre Frauen dabei in der Stube hockten und darauf Wetten abschlossen, welcher ihrer Gatten diesmal der betrunkenste sein würde.

Anfangs wollte meine Mutter noch mit den Männern draußen sein und schwatzen, sie stellte aber schnell fest, dass das nicht so gerne gesehen wurde. Was soll so eine Frau auch von PS (Abkürzung für Photosynthese) verstehen oder davon, wie viele Liter eine Melkmaschine an Hubraum hat? Außerdem war die Fachsimpelei der Männer für meine Mutter dermaßen langweilig und deren bierbedingte Pinkelfrequenz zunehmend erschreckend, sodass sie von sich aus lieber zurück zu den Frauen ging. Die Männer brüsteten sich bei solchen Treffen immer damit, dass es bei ihnen lauter und lustiger zugehe als bei den Frauen. Sie begründeten das so, dass Männer einfach viel besser Spaß haben können. Ich glaube aber eher, das lag daran, dass die Frauen genau wussten, dass ihnen gleich der Riesenspaß bevorstand, ihre stark belustigten Gatten nach Hause zu bugsieren. Unterm Strich war das natürlich eine großartige Tradition. Ich kann nur nicht verstehen, warum Frauen nicht mit Händen und Füßen dafür gekämpft haben, sie zu erhalten …

## VERTRAUEN ODER: WOFÜR GOTT DIE BIBEL SCHRIEB

Jetzt habe ich irgendwie das Gefühl, über Gott hier zu wenig gesprochen zu haben. Und der hat ja noch, und erst recht bei uns aufm Land, bei so einigen Traditionen seine Finger mit im Spiel. Wir alle innerhalb der Familie sind zwar im christlichen Verständnis aufgewachsen, waren aber keine notorischen Kirchengänger. Ich meine, der Glaube ist uns wichtig, aber ich stelle mich jetzt nicht jedem neuen Menschen vor, indem ich sage: „Hallo, ich bin die Annemarie und total evangelisch." Nein, auch mein Vater pflegt noch immer zu sagen, dass ein ordentlicher Christ in seinem Leben dreimal die Kirche aufgesucht haben muss – zur Taufe, zur Konfirmation und zur eigenen Beerdigung.

Für mich, und so wurde mir das eben auch von meinen Eltern vermittelt, sind die christlichen Werte das, was wirklich zählt, und nicht die Institution Kirche an sich. Ein zentrales Moment meines Glaubens ist das Vertrauen. Vertrauen in Gott, aber damit verbunden auch Vertrauen in andere Menschen. Vertrauen ist ein solch wichtiges Element unseres Zusammenlebens und unserer Entwicklung. Entwicklung in der Gemeinschaft natürlich, aber auch als Individuen, was, wie ich an meinen Kindern immer wieder beobachten kann, schon sehr früh beginnt. „Alleine! Mama, alleine machen!“ Menschen (in diesem Fall Kinder) haben diesen Drang schon sehr früh, Dinge selbst regeln zu wollen. Selbst die Treppe hochsteigen, selbst der Kuh Futter reichen und selbst (süß und unbehände) mit einem Messerchen die glitschige Karotte zu teilen versuchen. Aber wenn sie ihre waghalsigen Aktionen durchziehen, schauen sie immer wieder zur Seite oder über die Schulter zum Absatz der Treppe zurück, ob Mama oder Papa dort stehen und sie im Falle des Falles nicht fallen lassen. Oder ihnen zumindest beim Aufstehen helfen und sie trösten, denn Fallen und Scheitern gehört zu jeder Entwicklung dazu, auch zu der unserer Kinder.

Auch in meiner eigenen Entwicklung habe ich Vertrauen kennengelernt, das mich stärkte, festigte und weiterbrachte. Ich erinnere mich da etwa an meinen alten Chef Torben, der den Milchstall leitete, in dem ich Martin kennenlernte. Er war bei meinem allerersten Melken dabei, erklärte mir geduldig die Anlage und zeigte, wie alles funktionierte. Glücklicherweise war ich damals so schlau, auf meine Mutter gehört zu haben und mir Notizen zu machen, denn wie wir ja bereits wissen, ist jeder neue Melkstand eine ganz eigene Welt. Tja, und am folgenden Donnerstag schon ließ er mich ganz alleine („Mama, alleine!“) machen. Und ich betrat diesen Hof, zum zweiten Mal in meinem Leben, sah die 180 (!) gespannt abwartenden Kühe mich anstarren – zum zweiten Mal in meinem Leben. Und melkte drauflos. Und alles funktionierte sofort, und ich wurde an jenem Tag innerlich um mindestens einen halben Kopf größer. Nur, weil Torben so mutig und weise war, mir zu vertrauen. Auch damit zu vertrauen, dass ich mich im Notfall ja melden würde. Ja, auch eine solch rational anmutende Abwägung gehört zum Vertrauensprozess dazu.

Heute glaube ich generell, dass es an dieser Front ordentlich mangelt. Und die Tendenz ist meiner Meinung nach steigend. Dabei ist das gegenseitige Vertrauen unglaublich wichtig. Egal, wo man lebt und mit wem man zusammenarbeitet. Immer wieder treffe ich Menschen, die es verlernt haben, in ihrem Gegenüber das initial Gute zu sehen. Die Menschen werden zunehmend vorsichtiger, zunehmend misstrauischer. Ob das mit dem ebenfalls abgenommenen Vertrauen in Gott zusammenhängt, kann ich nicht sagen. Das liegt außerhalb meiner Kompetenz und auch außerhalb dieses Buches. Aber vielleicht schreibe ich eines Tages ja eines mit dem Untertitel „Eine echte Bäuerin über Gott, Tüddelband und die Welt". Dann reden wir gerne auch darüber.

Hier bei uns auf dem Land ist es entgegen landläufiger Städtermeinung im Übrigen gar kein Problem mehr, nicht in die Kirche zu gehen. Und das eigentlich schon seit recht langer Zeit. Dafür wird man von niemandem sanktioniert. Auch die Dorfgemeinschaft hat damit wenig Probleme, hier im Osten, wo ich mittlerweile lebe, sowieso nicht. Ihr wisst ja – Opium fürs Volk und so weiter. In meiner Kindheit habe ich allerdings die klassische Sonntagsschule besucht und mich dort unendlich gelangweilt. Das aber lag weder am Themenfeld „Religion" noch an der Kirche selbst. Es war eindeutig unser Pastor, der im Langweiligsein vermutlich bis heute noch alle Rekorde hält. Falls jemand von euch ein „Guinnessbuch der Rekorde" zu Hause hat, kann er mir gerne mitteilen, ob ein Ex-Pastor aus Schleswig-Holstein darin verzeichnet ist. Bei ihm mussten wir Bibelbücher und Verse lernen. Immer und immer wieder. Wir lernten etwas über Werte und

Nächstenliebe, allerdings nur theoretisch, ohne sie auch nur ein einziges Mal im „Real Life" einzusetzen. Meine Freundin, die nur kurze Zeit später zum Gemeindeunterricht ging, bekam eine neue Pastorin aus der Nachfolgegeneration ab, die im Gegensatz zu meinem pädagogischen Rentner mit ihnen spannende Dinge durchführte.

„Sorry, Annemarie, ich kann Freitagabend mit euch nicht auf diese supergeile Party mitkommen. Ich will im Gemeindehaus für Bedürftige kochen", eröffnete sie mir eines Tages, und ich konnte mich vor Überraschung und Neid kaum beherrschen.

„Was?!", schleuderte ich ihr entgegen. „Bedürftige Mitmenschen sind dir also wichtiger, als dich auf einer Party mit deiner besten Freundin zwanzig Minuten lang zu unterhalten, bis diese, weil sie ja so extrovertiert ist, jemand anderen zum Quatschen gefunden hat?!" Das rief ich ihr hinterher, denn sie war mittlerweile auf dem Weg zu ihrer tollen Gemeindegruppe. Sie blickte nur mit zusammengekniffenen Lippen über die Schulter zurück und lächelte anschließend sanft. Denn sie hatte bei ihrem Unterricht nicht nur Unmengen Spaß, sondern auch die Gewissheit, etwas Gutes zu tun. Sie lernte, wie man für dreißig Personen eine leckere Suppe kocht oder wie man ein sicheres und gut brennendes Lagerfeuer entfacht, während ich zu meiner Zeit Bücher und Verse aus der Bibel wälzte. Wobei mir mein Unterricht bezüglich Suppe natürlich auch etwas gebracht hat. Ich kann nämlich genau sagen, wo sie in der Bibel erwähnt wird. In der Geschichte von Esau und Jakob in Genesis 25:29-34 nämlich. Es ging dort irgendwie darum, dass Jakob Esau Linsensuppe gekocht hätte, damit jener ihm das Erstgeburtsrecht abtrat oder so. Das müsste das erste Buch Mose gewesen sein.

Aber was brachte mir all das theoretische Wissen bitte ohne auch nur ein einziges Anwendungsbeispiel? Und genau das meine ich mit der Anpassung an aktuelle Begebenheiten. Mag ja sein, dass Kinder früher auf langweiligen, trockenen Bibelunterricht standen und man es deswegen so etablierte. Ich schließe nicht aus, dass überalterte Pastoren vor dreihundert Jahren riesige Fangemeinden um sich scharten. Das alles lasse ich gelten. Doch die heutige Jugend will lernen, Praxiserfahrungen sammeln und dabei Spaß haben. Und das sollte man ihr auch geben, wenn man Ergebnisse ernten will. Denn eine andere Jugend wird man so schnell nicht haben. Und genau diesen Traditionsbruch, diese Trennlinie zwischen dem mittlerweile Gott sei Dank ausgedienten und dem modernisierten Ansatz des kirchlichen Unterrichts habe ich live mitbekommen. Zwischen den Lernzeiten meiner Freundin und meinen lagen nur wenige Monate. Und ja, natürlich hängt es auch stark von der Person ab, die einem – wie in diesem Fall – Wissen, Erfahrungen und Werte vermitteln soll, aber halt eben auch vom Zeitgeist an sich. Immerhin scheint die ach so altmodische Kirche in weiten Teilen progressiver zu sein als so mancher Verein.

## „FRAUEN IM VEREIN BRINGEN UNGLÜCK!"

Aber ohne Vereine ist das Leben für viele hobbybegeisterte Menschen, und davon gibt es auf dem Land eine Menge, nun mal kaum vorstellbar. Immerhin trifft man sich dort regelmäßig mit Gleichgesinnten, teilt seine Gewohnheiten, Erfahrungen und ist (meist) willig, von den Besseren etwas zu lernen. Ja, selbst Jogger, die ansonsten mutterseelenallein durch die Gegend atmen, verbünden sich in Vereinen. Da laufen sie dann mit weißen Ohrhörern in den Köpfen nebeneinanderher, hören genau null von ihrer Umgebung und füttern ihre Lauf-Apps mit zuverlässigen GPS-Daten, damit ausländische Geheimdienste sich über ihre neuen Streckenrekorde mitfreuen können. Dabei müssen sie unbedingt hautenge kurze Radlerhosen anhaben, da sie sich ansonsten auf ihrer 15-Kilometer-Strecke um zwölftausendstel Sekunden gegenüber der Vorwoche verschlechtern könnten. Ja, selbst diese ehrgeizigen Individuen suchen eine Gemeinschaft und stoßen nicht selten auf Strukturen, die das Vereinsleben gehörig trüben können. Sie werden meist mit Vorstandsmitgliedern konfrontiert, die in ihren Vierzigern oder Fünfzigern stecken, den Verein bereits seit Jahren angeführt haben und weiterhin vorhaben, ihm weitere 307 Jahre vorzusitzen. In solchen Vereinen oder gar Verbänden hat sich meist über die Jahre nur sehr wenig geändert, und falls doch, dann nur marginal. In solchen Vereinen sind die Wohlfühlstrukturen meist nach dem Profil der Vorstandsmitglieder ausgerichtet – also nach einem 49-jährigen Mann mit einem bisschen Bauch und ausreichend Freizeit, da er ohnehin keine großartigen Ambitionen mehr pflegt. Eine bekannte Sportlerin, die ich bei einer Talk-Veranstaltung kennengelernt habe, hat mir erzählt, dass alle Funktionäre in Sportvereinen gescheiterte Sportler seien, die nie bei Olympischen Spielen oder vergleichbaren Events mitmachen durften.

Das deckt sich mit den Schilderungen eines Bekannten von mir, der zu seinen Lebzeiten schon in so einigen Billardvereinen Mitglied war. Auch er berichtet davon, dass der Vorstand in solchen Gemeinschaften nicht selten aus Spielern besteht, die selbst keine zwei Kugeln hintereinander gesenkt bekommen. Und zwei

Kugeln seien für einen langjährigen Vereinsspieler äußerst wenig. Ja, der Vollständigkeit halber muss man festhalten, dass, wenn man sich in vielen Vereinen umschaut, immer ein bestimmter Schlag Mensch eine Affinität für solche Posten entwickelt. Die Leistungsträger haben oft gar nicht ausreichend Freizeit und Lust, sich administrativen Aufgaben zu widmen, weil sie mehr auf das Spiel/die Tätigkeit an sich fokussiert sind. Daher werden diese Posten häufig von denjenigen getragen, die ihre sportlichen Defizite anders kompensieren wollen, um mit den Besseren quasi gleichauf zu sein. Zum Beispiel durch Macht und die Erlaubnis, alles bestimmen zu dürfen. Der Mensch in seiner Tendenz strebt ja gerne dagegen an, in der Bedeutungslosigkeit zu versinken. Siehe unsere viel zitierten Altbauern. Und wenn man gegen die guten Spieler sportlich nicht anstinken kann, dann geht man halt andere Wege. Das vor allem ist ein männliches Attribut, aber dazu gleich mehr.

Solche Menschen, also die Funktionäre, verhindern des Öfteren mal, dass herausragende Sportlerinnen und Sportler vorankommen. Häufig sogar nur deswegen, weil sie persönliche Probleme mit ihnen haben. Aber gut, das ist wieder ein auf natürlichem Konkurrenzdenken basierender Klassiker, der nicht nur Sportlern Frust und Kopfschmerzen bereitet. Dieses Verhalten treffen wir im Leben überall an – im Sport, in der Lehre, im Beruf und auch in der Politik. Will ein progressiveres Mitglied oder – Gott bewahre – gar eine Frau in einem langjährigen Verein etwas verändern, ein bisschen frischen Wind hineinbringen (oder einen Kuchen vorschlagen), dann gehen gleich die roten Alarmlampen an. Die Vorstandsmänner beginnen, sich zu besprechen, zu tuscheln, im Hintergrund nervöse E-Mails (und falls über siebzig, nervöse Faxe) auszutauschen. Nach dem anfänglichen Schock beruhigen sie sich dann gegenseitig, klopfen einander für die letzten zwanzig Jahre hervorragender Vorstandsarbeit auf die Schulter und kommen zum Schluss, dass es hier gar nichts zu verändern gebe. Wie kommt denn dieses verrückte neue ~~Weib~~ Mitglied überhaupt darauf? Seit Ewigkeiten läuft das ja schon so, wie es läuft, und das sogar ziemlich gut. Oder?

An dieser Stelle geben diejenigen, die etwas anpassen wollten, meist auf, schwimmen eine Zeit lang resigniert auf der Welle mit und verlassen am Ende nicht selten einen solchen Verein. Nur um später irgendwo mitzubekommen, wie sich alle darüber beschweren, dass es hinten und vorne an Nachwuchs mangelt. Ein Teufelskreis, den es zu durchbrechen gilt.

Warum erzähle ich euch lieben Leuten, die gerade erwartungsvoll ein Buch über Landleben in der Hand halten, eigentlich so viel über Dinge, die ihr so oder so ähnlich wahrscheinlich auch aus euren Vereinen kennt? Na, allem voran, um zu zeigen, dass wir Dörfler nicht irgendeine seltsam abgeschottete fremde Spezies sind, die zwar – siehe Affen – denselben Vorfahren wie Menschen haben, sich aber an einem gewissen Punkt parallel zu ihm und selbstständig entwickelten. Nein, auch in Städten, wie an Sportvereinen ersichtlich, trifft man auf ein Verhalten wie das der Altbauern. Und zwar überall dort, wo man mit ähnlichen Strukturen konfrontiert ist. Natürlich gibt es bei uns auf dem Land auch ganz andere Beispiele. Es ist ja nicht so, dass überall alles altbacken und festgefahren erscheint. Der klassische Dorfverein etwa, in den ich als junge Landfrau niemals eintreten wollte, weil mir alles so – ja eben – altbacken schien, ist für mich inzwischen sehr attraktiv. Ich finde es aus heutiger, gereifter Sicht einfach super, sich für das Vorankommen des Dorfs einzusetzen. Oder auch der Feuerwehr wäre ich rückblickend gesehen eigentlich supergern beigetreten. Denn diese ist auf dem Land bis auf ein paar Ausnahmen eigentlich immer ganz toll organisiert. Wie auch die Landjugendvereine, in die ich damals schon eintreten wollte, es aber nicht tat, weil ich keine Freunde fand, die mitmachen wollten. Und auch die Schützenvereine ... Ähm, gut, okay, die fand ich eigentlich immer kacke und hätte auch in der Retrospektive dort nie mitgemacht. Saufen und Schießen. Ja, echt eine tolle Idee ...

Aber gut, es gibt sie, diese positiven Anker, auch im Sportvereinsbereich und auch auf dem Land. Eine weitere gute Freundin von mir und ihre Schwester sind ein Beispiel für diese Kategorie. Die beiden Ladys führen einen ganzen Handballverein, und das schon seit Jahren. Sie machen das hervorragend und mit ganz viel Herzblut, wie man so schön sagt. Ich will damit natürlich nicht behaupten, dass Männer das nicht auch könnten, aber solche Beispiele sind nun mal rar. Wie die beiden es allerdings geschafft haben, in diese Domäne einzudringen, muss ich bei Gelegenheit mal erfragen. Eine Geschlechtsumwandlung war nicht im Spiel – das würde ich wissen.

Natürlich können Männer ein solches Gebilde hervorragend leiten, und viele tun das ja auch, aber der Ansatz der beiden Geschlechter unterscheidet sich nun mal arg. Ein Mann mit einem Vorstandsposten möchte zum Beispiel immer, dass der nächste Fußball-Cup nach ihm benannt wird. Auch wenn er „nur" der Kassenwart ist. Fußball war jetzt selbstverständlich nur ein Beispiel. Es muss jedenfalls eine beliebte Sportart sein, nicht etwas Curling oder so. Und ich will das auf keinen Fall irgendwie werten, Männer selbst können ja nichts dafür. Sie werden mit solchen Ambitionen geboren und bekommen das Alphamann-Ding in vielen Teilen noch anerzogen. Dieses Alpha-Ding ist bei den meisten Frauen schlicht nicht so ausgebildet wie bei dem ~~schwachen~~ starken Geschlecht. Frauen gehen administrative Posten grundsätzlich anders an. Sie achten bei der Ausbildung der Vereinsstrukturen mehr auf Familien, auf Kinder, auf Alte und auch auf Frauen. Der letzte Punkt ist selbstverständlich nicht uneigennützig, aber durchaus erforderlich, denn nach wie vor gibt es in vielen Vereinen – erst recht auf dem Land – keine geschützten Räume für Frauen, Kinder und ältere Mitbürger. Diese fallen oft hinten rüber und werden nicht ernst genommen, denn in Vereinen wie auch in vielen anderen Gemeinschaften herrschen Hierarchien vor, in denen man stark sein muss, um sich zu behaupten.

Natürlich gilt auch hier: Es gibt überall solche und solche. Ich möchte nicht grundlos pauschalisieren, sondern Tendenzen benennen. Nicht, dass noch wütende starke Männer, die sich von mir verleumdet fühlen, das schöne Buch in zwölftausend Teile zerreißen und den nächsten Curling-Cup nach mir benennen …

Und wir wollen hier ja nicht alles schönreden, sondern das Dorfleben auch ein bisschen differenzierter betrachten.

## NUR DIE HARTEN PINKELN IN' GEMEINSCHAFTSGARTEN

Im Dorf steht Gemeinschaft an erster Stelle, da gibt es keinen Zweifel. Allerdings sind Dorfgemeinschaften so strukturiert, dass sie vor allem für die Normalverteilung geeignet sind, grafisch immer durch diese Glockenform dargestellt, ihr wisst, was ich meine. Was ich damit sagen will, ist, dass es rechts und links von der Norm**, so ungünstig das Wort auch interpretiert werden kann, immer Menschen gegeben hat und auch immer geben wird, die da irgendwie nicht hineinpassen. Begonnen hat das Ganze natürlich lange vor unserer Zeit. Männer, die nicht stark genug, oder Frauen, die wiederum zu stark waren, wurden immer mit Vorsicht beäugt, gemieden oder gar auf Scheiterhaufen verbrannt. Zumindest, wenn man unseren Überlieferungen glaubt, die wiederum von starken Männern geschrieben wurden. Doch wollen wir das an dieser Stelle mal nicht anzweifeln. Warst du damals die komische, auffällige Tante, warst du für alle sofort die Hexe. Warst du auch noch unverheiratet oder intelligenter als die Dorfältesten, dann sowieso. Hast du zudem mit irgendwelchen Kräutern herumgemacht, gerne einen riesigen Hut getragen und bist hin und wieder Besen geflogen, dann erst recht.

Dasselbe galt aber auch für unsere männlichen Pendants. Denn ein solcher war natürlich kein richtiger Mann, wenn er nicht jeden Abend mit seinen Geschlechtsgenossen dem Alkohol frönte, anstatt seine Freizeit mit Frau und Kindern zu verbringen. Manche Männer versuchten, das System auszutricksen, Pflicht und Vergnügen zu vereinen, und betranken sich dann zu Hause im Beisein ihrer Kinder, aber das half ihrem Image im Dorf auch nicht weiter. Wenn man sich als Mann nicht regelmäßig im Dorfkrug sehen ließ, um über Gott und die Frauenwelt zu schimpfen, dann galt man nun mal als unmännlich.

---

** Gemeint ist nicht, dass irgendwer nicht normal sei oder Ähnliches. Ein passenderes Wort als „Norm" ist mir an dieser Stelle nicht eingefallen. Wütende Leserbriefe, wenn jemand was Besseres weiß, bitte an den Verlag richten.

„Höma, Herbert, die Ilse hat neulich meine Angelrute verbrannt, die Olle. Weil ich ihr meine Liebe gestanden hab."

„Wat? Der Ilse?"

„Nee, der Rute."

„Meine heißt Katharina."

„Die Frau?"

„Nee, die Rute. Also beide ..."

„Du hast deine wenigstens noch."

„Ja, die gebe ich auch nicht her. Die spinnen doch, die Weiber."

„Kann ich die Katharina mal ausleihen?"

„Die Rute?"

„Ja, die Rute."

„Dann nicht."

Ja, bei dem Gelaber merkt man direkt, wo bei denen der Landhase langhüpft. Bestimmen wollen sie über uns und über ihren Pseudoangelsport schwatzen. Nach so einem Quatsch prügeln sie sich auch nicht selten, auch wenn es kaum Eskalationsanlass dazu gibt, vertragen sich dann und trinken genüsslich weiter. Klar, ansonsten wäre es ja auch kaum möglich, noch mehr über Ehefrauen zu motzen. So ist das in unseren Geschichtsbüchern festgehalten, und so verhielten sich diese selbst ernannten dominanten Männer schon immer. Sie wollen uns kontrollieren, sich permanent messen (am liebsten betrunken) und unnötige Risiken fahren (am liebsten auch betrunken). Genau diese Charakterzüge sind nach wie vor in heutigen Vereinen, aber auch generell in Dorfgemeinschaften an entscheidenden Stellen vertreten. Aber auch einfach in Cliquen. Denn das hat immer noch Aktualität, allerdings meist nur für die Bestimmer und ihre Mitläufer. Die anderen werden schlicht ausgegrenzt. Und da hat sich bis heute in ländlichen Gegenden wenig geändert. Wir werden später versuchen zu verstehen, warum.

Auch mein Mann hatte stets seine Freude an solchen Strukturen. Immer wieder musste er ein mit betrunkenen Männern geladenes Auto verlassen, das gerade im Begriff war, Rennen zu fahren.

Dorffeste, Schützenfeste und Burschenschaften bedienen alle diese Art Narrative und haben diese strammen Strukturen. Strukturen, die streng hierarchisch funktionieren und in denen Neuankömmlinge immer als minderwertig gelten. Ihnen wird klar zu verstehen gegeben, dass sie erst einmal alle ganz unten anfangen müssen. Das hätte man selbst ja auch erlebt, daher ginge das absolut klar. Aber für manche ist das nicht klar. Und welche andere Option bleibt ihnen dann, als sich aus der Gemeinschaft zurückzuziehen?

Dorfgemeinschaften pflegen auch allerhand fragwürdige Rituale, die alle irgendwo weit in der Vorzeit ihren berechtigten Ursprung haben mögen, heutzutage aber auf viel Widerstand stoßen. Manch einer würde einwenden wollen, das läge an der „verweichlichten Jugend, die nichts mehr verträgt". Aber selbst wenn es so wäre, hätte man doch keine andere Wahl, als die Rahmenbedingungen an die Teilnehmenden anzupassen. Denn eine andere Jugend wird es, wie gesagt, in den nächsten Jahren nun mal nicht geben.

## TRENDSETTER UND ANDERE PSYCHOPATHEN

Was die Traditionen im Allgemeinen auf dem Land anbelangt, so bin ich für viele Ansätze zu haben. Wo sich mir allerdings die Nackenhaare aufstellen würden, wenn ich welche hätte, sind Demütigungen jeglicher Art. Ein Beispiel, das sicherlich viele kennen, ist, wenn der dreißig gewordene unverheiratete Mann, je nach Region, den Marktplatz oder mit kleinem Geschirr Kronkorken auffegen darf (Frauen dürfen bei so etwas Klinken putzen). Arme Sau – gerade erst aus der Pubertät entflohen (die dauert bei Männern ja ein bisschen länger) und jetzt das! Den Brauch an sich finde ich eigentlich witzig, und in gewissen Zeiten war er sogar legitim. Damals hatte die Heirat noch einen völlig anderen gesellschaftlichen Stellenwert, und es gab sogar Zeiten, in denen eine Familie quasi ein Garant für das Überleben war. Das alles hat sich aber gewandelt. Das kann man schlecht finden, eingestehen muss man es sich allerdings. Schon zu meinen Lebzeiten habe ich im Zusammenhang mit ebendiesem Brauch Demütigungen erlebt, bei denen die Single-„Geburtstagskinder" ordentlich durch den Kakao gezogen wurden. Dabei wurden moralische Grenzen so stark überschritten, dass sämtliche pädagogischen und unterhaltsamen Absichten dieses Rituals überhaupt nicht mehr vorhanden waren. Die Peiniger, die sich über die fegenden Männer lustig machten, hatten sicherlich ihren Spaß. Spannend, denn der eigentliche Zweck des Brauchs wäre ja gewesen, die Menschen zu früher Familienbildung zu animieren, um die Gemeinschaft zu stärken. Bewirkt hat es aber genau das Gegenteil. Denn es führte eher dazu, dass irgendwann einfach niemand mehr Bock hatte, seinen dreißigsten Geburtstag zu feiern, sofern man unverheiratet war.

Siehe zum Beispiel auch die ehemalige Abschlussklasse von meinen Brüdern Holger und Claas. Holger hatte eine Ehrenrunde gedreht, daher haben sie zusammen Abi gemacht. Er hat ihn altersmäßig nicht einfach irgendwann eingeholt oder so.

Nur zur Klarstellung, falls das jemand gedacht haben sollte. Deren Abistreich war dermaßen wild, dass noch bis heute darüber gesprochen wird. Abgesehen von den üblichen Wasserpistolen-Schlachten, zerstochenen Reifen parkender Anwohnerautos und fließendem Alkohol banden die Vögel unseren Direktor, der sich ahnungslos auf ihren „Spaß" eingelassen hatte, an einen riesigen Pfahl und übergossen ihn mit Wasser aus Eimern. So etwas hatte unsere Schule vorher noch nie erlebt und sollte es später auch nicht mehr. Denn direkt ab dem nächsten Jahr wurden bei uns die strengsten Abistreich-Regeln der Welt eingeführt. Alles fiel wieder auf null. Der Spirit der Abifeier war weg. Es war eine Katastrophe und eine herbe Enttäuschung für viele nachfolgende Jahrgänge. Denn selbst ich, die zum Zeitpunkt des ausgeuferten Abistreichs im fünften Schuljahr war, spürte die Spuren dieser Einschränkungen selbst noch bei meinem. Und das alles nur, weil der Jahrgang meiner Brüder den Jahrgang vor ihnen noch toppen wollte. Die Stimmung damals war heiß. Der Preis dafür aber auch. Sie wollten, dass man sich an sie erinnerte, sie wollten Trendsetter, Legenden sein und die Abifeier durch neue Grenzen erweitern. Und was haben sie stattdessen erreicht? Bis auf das Erinnern natürlich genau das Gegenteil und viele wütende Nachfolger.

## TRAUER

Jetzt habe ich die vergangenen Seiten noch einmal überflogen und mich ob der vielen Kritik an dem Landleben ein wenig erschrocken. Denn Gemeinschaft im Dorf hat natürlich auch großartige Elemente. Einer der wichtigsten Punkte ist, dass

Gemeinschaft das Problem der Einsamkeit lösen kann. Immer wieder höre ich Gruselgeschichten aus der Stadt, in der sich die Menschen, die dicht aufeinander leben, nicht kennen, nicht grüßen (was allein für uns schon kaum vorstellbar ist) und auch mal wochenlang tot und unentdeckt in ihrer Wohnung sein können, bis sie irgendwann zufällig entdeckt werden. Schrecklich finde ich das und bin gleichzeitig sehr dankbar dafür, dass ich den Wert der Gemeinschaft ganz anders wahrnehmen darf. Wo das in meiner Kindheit und Jugend besonders deutlich wurde, war beim Aspekt der Trauer und der Trauerbewältigung.

In meinem Heimatdorf gab es zu meiner Zeit insgesamt elf Milchviehbetriebe. Mittlerweile ist dort nur noch der Heuer'sche übrig, der ja jetzt von meinem zweitältesten Bruder Knud geführt wird. Die meisten anderen Bauern haben ihr Land verkauft oder verpachtet und arbeiten teilweise seitdem auf fremden Höfen. Sie scheinen mit dieser Entwicklung nicht unglücklich zu sein, denn ich kenne aktuell keinen Fall, bei dem einer von ihnen etwas bedauern würde. Nur mein Vater war anders. Er wollte immer alles durchziehen und war mit seinen ausgeprägten schlitzohrigen Eigenschaften wie geschaffen dafür. Ich kann mir nur vage vorstellen, wie schwer es ihm gefallen sein muss, den Betrieb an seinen Sohn abzutreten. Eigentlich hätte der Hof ursprünglich von einem anderen Bruder übernommen werden sollen – von Claas, dem viertältesten. Aber mein Vater und er hatten zu unterschiedliche Vorstellungen, wie man einen Milchviehbetrieb ordentlich führt. Ganz sicher hätte Claas das auch mit Bravour gemeistert, aber es wäre ein anderer Ansatz gewesen als der, den Vater zu tolerieren bereit war. Und Knud ist so ziemlich der einzige Heuer-Sohn, der das ungewöhnliche Talent besitzt, sich mit den Allüren unseres Vaters zu arrangieren, ohne dass ihm auch nur irgendetwas davon nahegeht. Um diesen gesunden Nihilismus habe ich Knud schon immer beneidet. Aber auch das ist so einem Nihilisten vermutlich völlig egal …

Jedenfalls waren wir elf Milchvieh-Familien eine eingeschworene Gemeinschaft. Wir haben alles geteilt – Freud und Leid. Die Trauerfälle der anderen Bauern haben wir alle zusammen aufgefangen. Und auch unseren.

Mein vier Jahre älterer Bruder Karsten starb, als ich vierzehn war, und das war für uns alle sehr schlimm. Für mich war mit dem Tod meines Bruders auch meine Kindheit vorbei. Ich hatte danach jahrelang Angst, so etwas könnte noch mal passieren, und bei jeder Sirene, bei jedem Polizei- oder Krankenwagen bin ich zusammengezuckt. Ich sah, wie sehr meine Eltern litten, und wollte sie nicht zusätzlich mit meinem Leid belasten. Die eigenen Eltern so leiden zu sehen bricht einem das Herz. Also machte ich vieles mit mir allein aus. Und mit den ganzen Beileidsbekundungen der anderen konnte ich nicht richtig umgehen. Ich fragte mich, woher sie bitte wissen wollten, wie es mir gerade ging. Wie wollten sie denn nachempfinden, was ich gerade fühlte? Dabei ging es den anderen nie darum, irgendetwas von mir zu entschlüsseln. Ihnen ging es nur darum, dass ich in Trauer war. Und dass ich dabei nicht allein sein sollte. Einem Menschen, der gerade trauert, der gerade leidet, in die Augen zu schauen und „Herzliches Beileid" auszusprechen ist couragiert. Dafür braucht man Rückgrat. Das habe ich mit zunehmendem Alter immer mehr zu verstehen und auch zu schätzen gewusst. Denn so etwas machen heute nur noch wenige Menschen. Aber die Mitglieder unserer damaligen Gemeinschaft konnten das und litten mit den jeweils anderen mit. Alle trauerten mit. Alle aus dem Dorf kamen zur Beerdigung. Alle schmissen ein Schippchen Erde ins Grab. Sie brachten, weil meiner Mutter es so schwergefallen war, die Beileidsbekundungen zu ertragen, irgendwann Essen und andere Dinge, die uns diese furchtbare Zeit irgendwie erleichtern sollten, einfach vorbei und stellten sie vor unsere Tür. Sie konnten alles verstehen, sie wollten nicht stören, aber der Aspekt der gemeinschaftlichen Aufarbeitung war ihnen wichtig. Und diese war nicht nach ein paar Tagen, Wochen oder Monaten schon vorbei. Sie erstreckte sich über die Lebzeit. Die Mitglieder anderer Familien, die man wöchentlich, teilweise sogar täglich sah, trugen diese Gefühle, diese Anteilnahme für immer mit sich, und das wurde selbst nach vielen Jahren in Gesprächen und im gegenseitigen Umgang immer noch deutlich. Und das war eine unglaublich stabile und tragende Wand, die ich seitdem nie wieder woanders erlebt habe.

Um mit alledem besser umgehen zu können, haben wir innerhalb der Familie seitdem einen gemeinsamen Abend etabliert. Unsere eigene Tradition. Jeden Dienstag trafen und treffen wir uns und spielen „Doppelkopf". Es ist unser Ventil. Unser eigener privater Verarbeitungstag. Jeder darf dann so emotional sein, wie es ihm gerade beliebt, und all das aussprechen, was ihm auf dem Herzen liegt. Nicht selten wird dabei gestritten, gelacht und geweint. Aber das ist auch richtig so. Meine Familie kommt noch immer jeden Dienstag zusammen, ich wohne mittlerweile aber zu weit entfernt, um daran teilnehmen zu können. Ein Ersatz dafür ist für mich auch kaum vorstellbar. Vielleicht, wenn meine eigenen Kinder einst größer sind. Aber in meinen Gedanken bin ich jeden Dienstag dabei.

Ja, jeder geht mit Trauer anders um. Der eine offener, der anderer subtiler. Die Generationen, die Kriege miterlebt haben, hatten ohnehin ein anderes Verhältnis zum Tod. Die letzten Generationen, die behütet aufgewachsen sind, wiederum ein ganz eigenes. Insbesondere diese haben, so mein Empfinden, größere Schwierigkeiten, die gesamte Bedeutung davon einzufangen. Auch deswegen ebbt das gemeinsam Gefühlte, die Gruppenbewältigung, immer mehr ab. Ja, und das auch auf dem Land. Jedes Gefühl wird irgendwie immer schwächer, scheint mir. Nicht nur das Kranzbinden und Vergleichbares lösen sich auf. Früher hat man der jungen Mutter, die im Wochenbett lag, noch wochenlang etwas zu essen gebracht. Heute gratuliert man, klar, aber viel mehr wird nicht unternommen. Dafür gibt es aus meiner Sicht viele Gründe, die ich in den Folgekapiteln beleuchten möchte.

# DER ALTBAUER WIRD EHER VEGAN, BEVOR ER GEWOHNTES AUFGIBT

„Vadder, ich kauf einen Hoflader", eröffnete mein Bruder Knud, nachdem er den Hof übernommen hatte.

„Wat?! Wat is denn mim Schmalspurtrecker? Den hab ich 'n Lebtach benutzt un bin super damit klargekommen!"

„Vadder, ich weiß. Aber ich nech. Ich hol nächste Woche den Lader."

Man kann meinen Bruder verstehen, denn so ein Hoflader ist eine Million Mal praktischer als der Trecker. Er hat einen beweglichen Mittelteil, ist kleiner und auch einfach moderner als das olle Schmalspurgerät. Der Trecker war auch gut, mein Vater hatte die Bedienung perfektioniert und Erweiterungen drangebaut und Ähnliches, aber eben alles nach seiner Fasson. Knud hatte mit dem Ding dagegen kaum Erfahrungen.

„Also, Knud, entweder der Lader oder ich", gab mein Vater schließlich von sich, in der vollen Überzeugung, der Hof würde ohne Schmalspurtrecker in sich zusammenbrechen. Er wusste, wovon er sprach, denn er hatte damit schließlich seit vielen

Jahren alle anfallenden Hofarbeiten erledigt, alle Einfahrtswinkel an den engsten Stellen erschlossen und ihn gehegt und gepflegt wie sein neuntes Kind. Er hatte selbst eine Frontladerhalterung drangeschweißt, um damit auch andere, nicht für Trecker vorgesehene Arbeiten erledigen zu können. Aber nur er war in der Lage, ihn auf diesem Hof so zu bedienen, und das wusste er ganz genau. Er spürte, dass mit dem Wechsel des Universalhoffahrzeugs auch ein Wechsel des Fahrers anstand. Und das war für ihn das Problem. Nicht die Maschinenpräferenz seines Sohnes. Ich bin sehr stolz auf Knud, dass er zum damaligen Zeitpunkt das Feingefühl besaß, die Drohung meines Vaters („der Lader oder ich") korrekt einzuschätzen, sie zu ignorieren und das Gerät zu besorgen, das er als kompetenter Jungbauer am sinnvollsten fand. Aber mein Vater war ganz schön beleidigt.

Heute – viele Jahre später – liebt keiner den Lader so sehr wie Bauer Helmut. Er liebt ihn so doll, dass er sich selbst einen für den privaten (!) Gebrauch gekauft hat. Der steht jetzt bei meinen Eltern fröhlich in der Garage herum und hat das Auto verdrängt. Da kann man nur froh sein, dass keines seiner Kinder begeisterter Pilot geworden ist. Dafür wäre die Garage meiner Eltern nicht groß genug.

Aber ja, mein Vater wusste einfach nicht, wie viel praktischer so ein Hoflader für die ganzen Fummelarbeiten im Betrieb doch sein kann. Und sosehr er sich auch an seinen gewohnten Strukturen festklammert und mit Drohungen um sich wirft: Manchmal, da weiß es der Altbauer einfach nicht besser.

Als Bauer war man beruflich immer sein eigener Herr und hatte für jedes betriebliche wie auch private Problem eine Lösung parat. Dabei konnte diese unglaublich professionell oder auch total dilettantisch sein – das spielte nie eine Rolle. Wichtig war immer nur, dass man alles selbst regeln konnte. Ich meine, wenn ich meine eigene Wand anmale und dabei permanent über die Ränder komme, zu viel, zu wenig Farbe auftrage und die Winkel versaue, dann ist mir das am Ende egal. Das Ergebnis wird trotzdem hervorragend sein, denn ich habe es ja selbst gemacht. Macht das aber jemand anderes für mich und malt einen Millimeter daneben, würde ich mich zu Recht lautstark empören. Denn dann wüsste ich ganz genau: Ich hätte das besser gekonnt! Diese Erkenntnis lässt uns traditionelle Bauern besser verstehen. Sie haben jahrzehntelang in allen möglichen Dingen gewühlt, gemacht und getan. Sie kennen jeden einzelnen Winkel auf ihrem Betrieb und wissen genau über ihre eigenen Fähigkeiten Bescheid. Meine Schwiegereltern übernahmen den Hof in der Uckermark damals nach der Wende. Das gesamte Geld ging für den Kauf drauf und so mussten sie noch viele Jahre auf dem Hof improvisieren und selbst reparieren, bis finanziell bessere Zeiten kamen. Alles wurde gewissenhaft, aber schnörkellos geflickt und wiederverwendet. Das war eine dermaßen prägende Erfahrung für die beiden, dass sie eine Weile brauchten, um sich mit der Herangehensweise der modernen Landwirtschaft zu arrangieren. Denn wir junge Bauern kommen plötzlich mit administrativem Fokus, neuen Maschinen und Dienstleistern, die bestimmte Arbeiten wesentlich besser, schneller und effizienter erledigen, als wir es je könnten. Und das ist für die alte Generation ein kleiner Kulturschock. Vielleicht haben wir auch deswegen noch vier ausrangierte riesige Milchtanks auf dem Hof herumstehen, von denen sich meine Schwiegermutter partout nicht trennen will. Denn „man weiß ja nie". Und ja – diese Generationen haben Zeiten erlebt, in denen sie sich von Notfall zu Krise hangeln mussten. In solchen Phasen wirft man einfach nichts weg. Auch nicht seine Gewohnheiten. Denn irgendwann wird selbst der krumme rostige Nagel noch einmal gebraucht. Wenn auch nur als Haken.

## EIN BISSCHEN ALTBAUER STECKT IN JEDEM VON UNS

Speziell das ist kein reines Altbauern-Problem. Ich kann mich selbst auch nicht ausnehmen, wenn es darum geht, lieb gewonnene Mustergewohnheiten loszulassen. Nicht nur die Tatsache, dass ich jetzt in meiner Stallbüroecke vier nagelneue (und seltsamerweise rostige) Kleiderhaken hängen habe, spricht genau dafür. Nein, auch unsere außerbäuerlichen Aktivitäten. Als ich im Handballverein war, erlebte ich eine Art Umdenken, einen „Aha"-Moment. Ich spielte dort mit so viel Leidenschaft, dass ich mir im Laufe der Jahre meine beiden Kreuzbänder riss. Nein, nicht aus Protest gegen meinen ehemaligen Pastor („Kreuz", ihr versteht, haha), sondern weil ich einfach immer alles gegeben habe. Generell ist das so eine kleine Marotte von mir, dass ich mich, wenn ich mich für etwas begeistere, nie unter 101 Prozent dabei sein kann. Man könnte ja, wenn man vernünftig wäre, mehrere tolle Dinge gleichzeitig zu, sagen wir mal, 80 Prozent betreiben und dabei ausreichend Spaß haben und heil bleiben. Aber nein – die Annemarie, wenn sie sich in irgendetwas hineinstürzt, macht das mit Schmackes.

Ich spielte für meine Mannschaft meistens im Kreis. Jeder Spieler hat seine feste Position, und ich eierte eben innerhalb dieser in Orange eingezeichneten, drei Meter vom Tor entfernten

Halbkreislinie herum und warf Tore. Jeder im Team war mit seiner Rolle zufrieden und auch mit meiner Arbeit auf meiner Position. Doch eines Tages kam eine neue Spielerin in den Verein (ich glaube, sie hieß Luciferia) und verkündete, ebenfalls eine Kreisspielerin zu sein. „Schön!“, sagten alle. Mist!, dachte ich. Denn man konnte ihr bereits ansehen, dass sie in dem, was sie tat, gut sein musste. Das ist bei manchen Menschen einfach so. Man sieht es ihnen irgendwie am entschlossenen Blick an. Ich gab mir also bei den Folgetrainings enorm viel Extramühe, ich wollte allen zeigen, was für eine tolle Kreisläuferin ich doch bin. Ich fühlte mich nämlich angegriffen, von ihr bedroht. Und das, obwohl sie nichts Falsches verbrochen hatte. Sie war einfach nur da. Und ich fürchtete um meine Position, um meinen Platz in diesem Team. Ich wollte meine Stellung in der Mannschaft nicht aufgeben und fragte mich immer und immer wieder, wozu wir denn bitte eine zweite Kreisläuferin brauchten. Ich war doch schon da …

Im Nachhinein schäme ich mich für meine Gedanken, denn diese Frau war eine totale Bereicherung für das Team. Mit ihrer Erfahrung ließ sie uns Spielzüge fahren, die wir vorher weder gekannt hatten noch in der Lage gewesen wären, sie ohne ihre Anleitung durchzuziehen. Sie als Teil des Teams machte uns alle sicherer, und es ist mir bis heute eine Freude, damals meine Spielzeit mit ihr geteilt zu haben. Zumal ich, da wir dann zu zweit unterwegs waren, nicht mehr so aus der Puste kam. Aber – und das ist ein spannendes „aber“ – ich kann nicht garantieren, dass ich heute in einer vergleichbaren Situation anders reagieren würde. Ich würde, da reifer, nicht mehr so einen Tanz aufführen, um mich um jeden Preis zu behaupten, doch trotz meiner Erfahrung könnte ich diese – heute vielleicht kleinere – Portion Angst, überflüssig zu werden, einfach nicht ausschließen. Und das ist auch okay so. Denn wir alle tragen diese Furcht tief in uns.

## „NIE IM LEBEN SOLLT IHR ES BESSER HABEN!"

Warum ist es eigentlich für Menschen so schwierig, beständige Strukturen aufzugeben? Warum ist es auch so müßig, der kommenden Generation, den Neuen, einen einfacheren Weg einzugestehen, als man selbst hatte? Eine Freundin von mir ist Staatsanwältin und sprach zuletzt bei einem eigentlich bedeutungslosen Geplänkel Dinge aus, die mich aufhorchen ließen. Denn sie hatten mit unserem Thema zu tun. Sie erzählte von dem schwierigen Jurastudium und vor allem von ihren eigenen Prüfungen, die zwar mittlerweile einige Jahre zurückliegen, sich aber anscheinend tief ins Gedächtnis gebohrt haben. Sie erzählte von den schlaflosen Lernnächten und von dem unglaublichen Arbeitsakkord in der Schlussphase einer solchen Ausbildung. Die armen Schweine mussten innerhalb von zwei Wochen acht Prüfungen schreiben, wobei jede einzelne fünf Stunden dauerte. Ganz schön stramm, dieser Rhythmus, der vermutlich zum Aussieben eingesetzt wurde, um schon mal die superfleißigen angehenden Juristen von den etwas weniger superfleißigen, bald ex-angehenden Juristen zu trennen. Eigentlich Verschwendung, wenn ihr mich fragt. Ich würde die faulen Juristen auf jeden Fall auch im Berufsfeld behalten und später als Verteidiger offensichtlichen Verbrechern zuteilen, von denen die Gesellschaft nicht will, dass sie einen Freispruch erhalten. Wie dem auch sei, mittlerweile scheint diese Schlussphase bei den Juristen ein wenig gelockert worden zu sein und sie müssen nicht mehr so viele Prüfungen am Stück absolvieren. Zumindest wird gerade versucht, es so zu etablieren.

Das aber hat nun zur Folge, dass die ältere Juristengeneration sich regelrecht dagegenstemmt – „denn wir mussten da ja auch durch", sagen sie alle. Eine der älteren Kolleginnen meiner Freundin wurde sogar regelrecht sauer, als sie erfuhr, dass sie als Staatsanwältin auch mal eine Elternzeit einlegen durfte, in entscheidenden Phasen keine Urlaubssperre bekam und andere Vorzüge genoss. Denn die andere hatte all diesen Luxus zu ihrer Zeit nicht gehabt. Ja, da kann man die Leute fast verstehen. An dieser Stelle zu sagen, sie sollen sich doch bitte nicht so anstellen, ist auch danebengegriffen. Was also tun? Irgendwann wird es immer diese eine Generation geben müssen, die weniger gedurft haben wird als die nachfolgende. Die Generation, die quasi aussprechen muss: „Ach komm, ich hatte es zwar deutlich schwerer als du, aber du – weil du so toll bist – sollst es einfacher haben."

## SCHULTÜTEN-TRÄGER UND ANDERE INDIVIDUALISTEN

Oder falls nicht, dann doch lieber leiden und neiden. Denn nicht jeder gönnt gerne. Und schaut man ein bisschen tiefer in die menschliche Psyche hinein, entdeckt man auch hier verborgene Ängste. Denn der Nachfolgejurist, dessen Prüfungen nicht mehr ganz so schwer sein werden, wie deine einst waren, und der mehr Urlaub, Erholung und Auszeit haben wird, als du hattest, ist, wenn man es genau betrachtet, ein unfairer Mitstreiter. Ein

Konkurrent, der jetzt einen einfacheren Weg gehen wird, um dieselben oder noch bessere Karriereergebnisse zu erzielen als du. Ich glaube, auch deswegen haben es manche traditionellen Bräuche, Gewohnheiten und Algorithmen so schwer, verändert zu werden. „Das haben wir auch gemacht – das gehört nun mal dazu" hält sich auch auf dem Dorf unglaublich hartnäckig. Doch spätestens, wenn eine Tradition ausschließlich wegen einer solchen Argumentation am Leben erhalten wird und ansonsten keinerlei oder kaum Mehrwert bietet, sollte man gegensteuern. Ansonsten läuft man Gefahr, dass sich Demütigung, Übertreibung und Misshandlung einschleichen. Allein schon deswegen, weil der eigentliche Zweck des Brauchs wegen Veränderung der Gesellschaft nicht mehr verfolgt werden kann und man dieses Vakuum mit irgendwas anderem füllen müsste. Wie eben mit Übertreibung. Was man an diesen Fege- und Klinkenputz-Ritualen deutlich erkennt. Erschreckend ist ja auch, dass solche Traditionen vielen wichtiger sind als der persönliche Wunsch der Betroffenen. Woher kommt das? Ich kann mir das nur damit erklären, dass der Urinstinkt der Gemeinschaft über der Relevanz des Individuums steht, auch wenn das den allermeisten heutzutage gar nicht bewusst zu sein scheint. Nun leben wir aber nicht mehr in Zeiten, in denen wir unseren Uckermärker Eingeborenenstamm gegen die fiesen Nachbarn aus dem Westen gemeinsam verteidigen müssen. Wir müssen auch keine Sorge mehr haben, wie es etwa früher war, aus der Gemeinschaft ausgestoßen zu werden, wenn wir einen mittelgroßen Fehler begehen. Diese ganzen Ängste brauchen wir heute nicht mehr zu haben. Wozu also noch krampfhaft an Dingen festhalten, die offensichtlich früheren Zeiten galten?

Die Gemeinschaft ist natürlich nach wie vor enorm wichtig, da will ich nicht falsch verstanden werden. Aber sie wandelt sich stetig zu einer Art Verbund aus Menschen, die mehr Wert aufs eigene Individuum legen, als Menschen es früher getan haben. Kein Wunder aber auch bei diesen ganzen Instagrammern und Tiktokern oder wie sie heißen.

Doch bedeutet das gleichzeitig, dass wir wegen der zunehmenden Individualisierung der Gesellschaft die Gemeinschaft gefährden? Wenn man das richtig angeht, glaube ich nicht – im Gegenteil: Ein selbstbewusstes Individuum, das seine Fähigkeiten genau kennt und es ernst meint, kann die Gemeinschaft mit seinen Ideen nur bereichern und sie im besten Fall zu einer besseren machen. Es darf halt nur nicht darauf bestehen, ausschließlich Individuum zu bleiben. Denn tun das alle, ist die Gemeinschaft gefährdet.

Traditionen, die auch in unserer Zeit noch sinnvoll, hilfreich oder einfach nur schön sind, versuche ich in meiner Familie, meinem Freundeskreis und meinem Arbeitsumfeld zu erhalten. Seien es die gemeinsamen Vorbereitungen fürs Erntedankfest und andere Feiern, gegenseitige Unterstützungen im Dorf und auch betriebsübergreifend oder solch vermeintliche Kleinigkeiten wie das Basteln einer Schultüte für Kinder. Bisher ist zwar noch keiner meiner vier Sprösslinge eingeschult worden, aber schon heute weiß ich, dass wir jedem davon eine individuelle Tüte schneiden und kleben werden. Die Rohlinge von der Stange sind doch viel zu glatt, gleich und lahm. Abgesehen davon tragen standardisierte Tütengestelle so gut wie nichts zum so gerne eingeforderten Individualismus bei. Man reiht sich da in eine breite Linie aus Schultüten ein und verliert sich in der farblosen Masse. Natürlich gehört zu so einem süßen kleinen

Erstklässler viel mehr als nur eine Schultüte – die Tüte ist nicht dessen alleinige Identität. Aber mit kleinen Dingen, Gewohnheiten und eben Traditionen fängt es nun mal an. Und die Gemeinschaft ist doch erst interessant, wenn sie sich aus den verschiedensten Individuen zusammensetzt. Wie auch der Inhalt der Tüte viel spannender wird, wenn er nicht ausschließlich aus Gummibärchen besteht. Und außerdem das Basteln! Das gemeinsame Basteln würde ja völlig fehlen. Aber es gibt sie, die Tüte im Kaufhausregal. Und sie wird gekauft. Nicht so viel auf dem Land, aber dennoch. Und es gibt sie – die Eltern, denen die Tüten-Tradition selbst eher egal ist und die nur eine holen, um ihr Kind nicht auszugrenzen. Sie machen dann im Grunde nicht richtig mit, aber ahnen die Wichtigkeit dieser Tradition. Sie beugen sich quasi dem Gruppendruck. Und wenn es auch in diesem Fall sinnvoll erscheint (denn schließlich entscheiden hier Eltern für Kinder), sind solche Gruppendynamiken in anderen Bereichen nicht zu unterschätzen.

Ist die Gemeinschaft einmal geformt und hat jeder darin seinen Platz, wird das Gebilde starr und unflexibel, mit einer klaren Tendenz zur Intoleranz. Ich habe mich mal mit meinem ältesten Bruder Henning darüber unterhalten, und obwohl wir einen eher großen Altersunterschied haben, ist uns eine interessante Gemeinsamkeit aufgefallen. Wir beide können mit extremen Fan-Gruppen wenig anfangen. Bei ihm gründete seine Erfahrung auf der Punk-Szene, bei mir waren es in meiner Jugend die Metal-Heads (das habt ihr wegen meiner langen Haare wohl eh schon vermutet, wa?), mit denen ich viele Jahre verkehrte. Mein Bruder und ich haben unabhängig voneinander in unseren jeweiligen Blasen das gleiche Phänomen beobachtet. Umso stärker sich jemand mit der Punk- oder der

Metal-Szene identifizierte, umso intoleranter wurde er. Natürlich gab es auch hier Ausnahmen, aber ich rede von einer Tendenz. Je etablierter derjenige in seiner Umgebung war, desto mehr neigte er dazu, andere, die seiner Meinung nach nicht dazugehörten, auszugrenzen. Und das nahm zuweilen erstaunlich absurde Ausmaße an.

## Ein echter Metaller muss magnetisch sein

Ich liebe die Metal-Musik, und vor allem die Thrash-Metal-Szene hat es mir damals angetan. Ich meine, ich wohnte ja nur 20 Minuten Fahrt von dem Gelände des „Wacken Open Air" entfernt, wo ich natürlich zum Stammgast wurde. Mit Zelt, Liege, Handtuch und Dosenbier, wie es sich für gute deutsche Festival-Besucher gehört. Heimlich habe ich immer die Felder betrauert, die dort zeitgleich als Campingplatz, Tanzfläche, Aschenbecher, Toilette und Mülleimer dienten, aber dennoch war ich Jahr für Jahr begeistert dabei.

Umso tiefer ich aber in die Thrash-Metal-Szene eintauchte, umso unwohler fühlte ich mich. Mein absoluter „Aha"-Moment war das „Headbangers Open Air" in Brande-Hörnerkirchen, übrigens nur zehn Minuten von meinem Heimatort entfernt. Erstaunlich, wie metallisch unsere Gegend doch war, fällt mir gerade auf. Vermutlich hat die Natur das extra so eingerichtet, um die reservierte Hamburger Kultur im Umkreis auszugleichen.

Jedenfalls war ich an einem dieser Tage mit meiner Truppe verabredet und hatte, wie es halt so üblich war, auch meine Jeans-Kutte an. Mit abgerissenen Ärmeln, Patches der Lieblingsbands und der notwendigen szeneüblichen Patina (inklusive ein bisschen Kuh). Denn gewaschen werden durften die Dinger natürlich nicht. Diese Art Visitenkarte war ausschlaggebend, um entweder dazuzugehören oder nur wegen eines „falschen“ Patches ausgeschlossen zu werden. Je älter ich wurde, denn am Anfang juckte mich das irgendwie nicht, desto mehr störte mich diese seltsame Oberflächlichkeit, gepaart mit so richtigen Dogmen. Wenn man aus Versehen mal einen Song von Godsmack, Judas Priest oder – Gott bewahre – Nirvana gut fand, war man direkt unten durch. Denn dann war man nicht mehr der trueste aller Truesten in der Thrash-Metal-Szene. Zur Strafe musste man sofort alle „Overkill“-Texte auswendig aufsagen und wurde anschließend bei Lars Ulrich*** verpetzt, der dann eine internationale Klage gegen einen anstrebte. Und das nur, weil man andere Musik auch gut fand. Nur, weil man versehentlich „Paradise Lost“ im Radio gehört und nicht sofort das Auto verbrannt hatte, wie es die „Slayer“-hörige Jugend einem immer empfahl. Nein, ganz so tief haben sich die Metalheads aus meiner damaligen Clique natürlich nicht herabgelassen, aber mit ihren Sprüchen waren sie nicht weit davon entfernt. Denn es reichte auch schon aus, den neuen/alten Sänger/Gitarristen/Bassisten/Drummer besser/schlechter zu finden als den alten/neuen. Dann war man Gesprächsthema des Abends, durfte neben niemandem sitzen und war der nächste Rausflug-Kandidat. Denn man hatte ja keine Ahnung von der sensiblen Materie.

Dieses zugespitzte Verhalten des harten Kerns verdarb mir zunehmend die Lust an den Festivals, und ich frage mich ernsthaft, warum man sich denn bitte freiwillig so sehr beschränkte.

—

*** Drummer von „Metallica“, der seinerzeit ein Verfahren gegen den Musik-Download-Dienst „Napster“ initiierte

Einige Erklärungen, wie Zugehörigkeit zu einer „Elite", Prahlen mit eigenem Wissen (die eigene Bedeutung) und krampfhaftes Festhalten an Strukturen, fallen mir auch hierzu natürlich ein. Aber ist das wirklich der Sinn der Sache? Bringt das jemanden weiter? Macht das der (nicht zuletzt durch solche Aktionen) immer kleiner werdenden Gemeinschaft überhaupt dann noch Spaß, eine Gemeinschaft zu sein? Denn so ähnlich nehme ich auch gewisse Strukturen gelegentlich bei der Feuerwehr, häufiger bei der Landjugend, bei Vereinen und bei den Landfrauen wahr. Entweder arrangiert man sich dort mit der jeweiligen Blase zu 100 Prozent, oder man ist nicht dabei.

Dabei fällt mir ein alter Zeitungsartikel über unsere damalige Feuerwehr ein (eine dieser Negativausnahmen), in dem tatsächlich gezählt wurde, wie häufig wer in der Vergangenheit zum Einsatz erschienen war. Als ich das las, verging mir spontan jede Lust, der Freiwilligen Feuerwehr beizutreten. Das ist natürlich auch nicht richtig, denn zum einen wird Hilfe dennoch gebraucht, und zum anderen hat genau genommen ja nicht die Feuerwehr diesen Zeitungsartikel geschrieben, wenn auch sicher forciert. Aber welcher junge Mensch hat bitte noch Interesse, mit solch übertriebenen kontrolllastigen Strukturen zu arbeiten? Und wenn man sich mal für ein Ehrenamt vorstellte, durfte man zunächst die übelsten Aufgaben übernehmen. Nicht, weil es keine anderen gab, sondern weil es so Brauch war, weil „alle anfangs da durchgehen mussten", wie wir bereits immer und immer wieder gelernt haben. Diesen Gedanken kann ich, wie oben schon angerissen, natürlich menschlich verstehen. Jeder, in welcher Gemeinschaft auch immer, hat unbedeutend und klein angefangen. Aber muss das so sein? Ist das noch zeitgemäß? Natürlich ist in vor allem verantwortungsvollen Bereichen eine Art Bewährungsprobe notwendig, das leuchtet ein. Aber dann so kompromisslos und starr? Allein die modernen Kommunikationsformen und die Vernetzung haben doch enorme Auswirkungen auf dieses veraltete Element, nicht? Man kann heutzutage allein wegen des Austauschs im Internet viel schneller und unabhängiger lernen und sich somit wesentlich flotter entwickeln und Eignung erwerben, wofür auch immer. Und hat sich nicht jeder dieser ehemaligen Anfänger, die heute noch auf solchen Ritualen bestehen, mal bei dem Gedanken erwischt, dass er solche Zwänge etwa seinen Kindern nicht mehr wünschen würde? Wenn er ehrlich ist, dann glaube ich, schon.

## NACH „FEST" KOMMT „AB"

„Thomas, schee, dass i di seng! Und wer is des?“, begrüßte uns vor vielen Jahren in Bayern ein Kumpel meines Ex-Freundes. Wir waren damals zum Oktoberfest gereist, weil a) er aus dem Raum München kam und b) ich mich kulturell weiterbilden wollte.

„Des is die Annemarie, mei Freundin.“

„Oh, sie hod ja a Dirndl o …“

Ja, ich hatte ein Dirndl an. Denn erstens war ich in Bayern, weil mein damaliger Freund von dort kam, und zweitens wollte ich mich kulturell weiterbilden. Na ja, um ehrlich zu sein, wollte ich einfach ordentlich einen draufmachen und den Umkreis meines Ex kennenlernen. Und um niemanden zu enttäuschen, kaufte ich mir ein schönes, traditionelles bayerisches Gewand beim NKD. Oder war das KiK damals? Ich weiß es nicht mehr genau. Jedenfalls gut, grün und günstig.

Wow – und ich fühlte mich so großartig in diesem Kleid und dachte nur: Warum habe ich so etwas bloß vorher nie angehabt? Wie wunderschön es doch war, und ich mittendrin! Bei dieser umwerfenden Grazie würde es bestimmt niemanden interessieren, dass ich das tolle Teil so günstig geschossen hatte. Wer achtet denn bitte darauf, wie viel etwas kostet, während er von einer Schönheit geblendet wird?

Oh, falscher hätte ich nicht liegen können, denn bereits nach Sekunden, während ich erwartungsvoll grinsend vor die anderen trat, wurde ich enttarnt. Die einen rümpften die Nase, die anderen schauten beschämt weg, und ein Dritter kotzte mitten auf die Wiese. Na ja, vielleicht lag das bei ihm nicht unbedingt an meinem Kleid, immerhin befanden wir uns auf dem Münchner Oktoberfest. Aber ich nehme das hier der Vollständigkeit halber mal mit auf.

Und da erfuhr ich, dass für so ein Dirndl auch gerne mal 1000 Euro hingelegt werden. Wahnsinn. Dabei ist da ja nicht einmal genug Stoff vorhanden, um das Dekolleté komplett zu bedecken. Eine Wucherei vor dem Herrn. Natürlich soll jeder, der Lust dazu hat, sich ein Kleid in dieser Preisklasse leisten. Da habe ich überhaupt nichts gegen. Allerdings geht das Thema „traditionelle Kleidung" häufig mit Herabwürdigungen derjenigen einher, die solche Preise nicht mittragen können oder wollen. Ich habe mich mit den anderen an jenem Abend noch lange über mein Kleid unterhalten, und das meiste von dem Gesagten müssen damals derbe Beleidigungen in meine Richtung gewesen sein. Nehme ich zumindest an. Denn zum Glück habe ich da unten eh so gut wie keinen verstanden und mich den ganzen Abend lang nur nach 'nem Fischbrötchen und Gummistiefeln gesehnt.

Aber nicht jedes traditionelle Desaster lässt sich so selbstbewusst lösen, indem man einfach seinen Freund verlässt. Die meisten davon bedeuten echte Probleme.

Nehmen wir beispielsweise die demütigenden Rituale der armen Single-Dreißiger oder der übersprudelnden Feuerwehr-, Vereins- und sonstiger Dorfbräuche, die schon so einige in die Verzweiflung getrieben haben. Ich meine, wenn wir Männer, die sich solchen Ritualen entziehen, für schwach erklären und isolieren, müssen wir uns doch nicht wundern, wenn sie die erste Gelegenheit ergreifen, abzuhauen. Es muss zum Glück niemand mehr vereinsamen, wenn er auf dem Land nicht akzeptiert wird. Er zieht dann einfach in die Stadt um.

Ey, wenn ich an die ganzen Rituale, die Schlägereien, die Saufereien, die Mutproben zurückdenke, die allein ich so mitbekommen habe, wird mir heute noch schwindelig. Bei uns auf dem Dorf, und nicht nur bei uns, war es einfach normal, dass man von der Party besoffen nach Hause fährt. Was kann dabei schon passieren? Dann überschlägt man sich halt ein paar Mal und hofft, dass der Wagen auf den Rädern zum Stehen kommt. Und wer kann es den Wahnsinnigen auch verdenken? Die Chancen dafür stehen ja bei fünfzig Prozent. Von einer Bekannten habe ich gehört, dass sie eine Kreuzung im Dorf hatten, die besondere Funktionen erfüllte. Die hieß „Kreuzung der Hölle“ oder so und wurde von den Jugendlichen für Mutproben genutzt. Man ist dann da angerast und musste mit geschlossenen Augen drüber. Und wer sich nicht traute, war dann der Loser und musste zur Strafe noch mehr Bier trinken. Und wenn ich daran denke, wie viele Kästen man bei den ganzen Dorfjugendfesten so regelmäßig vernichtet, wird mir ganz schön bange. Denn auch ich habe Kinder, die eines Tages in das Alter kommen werden. Ich meine, geht Tanzen und Kiffen nicht auch mit 0,5 Promille? Muss man dabei wirklich immer so voll sein? Wem außer den Brauereien bringt das am Ende was? Aber klar, ich hab jetzt gut reden. Bin ja verantwortungsbewusste Mutter. Aber was haben wir damals nicht alles gemacht? Wir sind auch meterweit durch Kuhscheiße gelatscht, über Schluchten gesprungen, die doppelt oder dreimal so tief waren wie wir groß, mit der Nachgeburt von der Kuh an hungrigen Hunden vorbeigerannt, haben Schweine geritten oder den Bären aus seinem Winterschlaf im Wald wach gekitzelt. Das mit dem Bären ist natürlich Spaß, aber wir haben Brennnessel-Salat gegessen, Elektrozaunlimbo getanzt, Zeitungsblätter geraucht und bei Onkel Werner die Äpfel aus dem Garten geklaut. Der hatte ja bloß ein Luftgewehr – dat schießt nur mit Luft –, was also konnte dabei schon passieren?

Und das alles machen die jungen Leute auch heute noch mit (und oft sind sie um einiges kreativer, als wir damals waren), und zwar nicht aus Jux. Denn niemand will ausgegrenzt sein, jeder will dazugehören. Das ist, wenn ich mich richtig erinnere, gut erforscht, mit vielen spannenden Versuchen und so. Ich hab noch mal nachgeguckt – da war zum Beispiel das Experiment aus den 1960er-Jahren vom Psychologen Stanley Milgram[1], bei dem eindeutig gezeigt wurde, dass Menschen unter Anweisung und sozialem Druck zu Handlungen bereit sind, die ihrem Gewissen eigentlich widersprechen. Oder – noch passender – das soziopsychologische Experiment von diesem Solomon Asch[2]. Dabei sollte eine Reihe Probanden die auf einem Bildschirm aufleuchtende Farbe benennen. Dabei waren die Teilnehmer der Gruppe bis auf den letzten allesamt Komplizen und gaben vor dem eigentlichen Versuchskaninchen absichtlich falsche Antworten ab. Erstaunlich war, dass sich die meisten echten Versuchspersonen dem Gruppendruck beugten und zum Beispiel einen eindeutig grünen Kreis als blau benannten. Nur, weil alle anderen das auch getan hatten. Denn niemand, wie ich schon sagte, will ausgegrenzt sein. Nur die wenigsten hatten den Mut, trotz aller anderslautenden Angaben bei ihrer Meinung zu bleiben. Ihr Unbehagen konnte man ihnen dabei allerdings ganz deutlich ansehen.

Und jetzt, wo nahezu jeder ein Auto hat, sich beruflich in die Stadt verabschieden kann, um dort auch als „schwacher Mann“ unter Gleichgesinnten aufzugehen, haben viele Unzufriedene und Gedemütigte diese Möglichkeit ergriffen. Und zogen andere mit, die es ebenfalls leid waren, zum dreitausendsten Mal auf einem Schützenfest zum PUR-Mix auf die Tanzfläche gezogen zu werden.

Wir können den Prozess nicht aufhalten, und wie immer hat auch diese Medaille ja zwei Seiten. Denn wo Menschen wegziehen, wird Platz frei für andere, vielleicht noch nicht so stark wie in die entgegengesetzte Richtung, aber gerade bei uns in Brandenburg und in der Uckermark sehen wir ja, dass auch Menschen raus aufs Land ziehen. Die einen sehnen sich nach der Natur, insbesondere wenn sie kleine Kinder haben, andere wollen etwas Neues ausprobieren, und wieder andere fliehen einfach nur vor den hanebüchenen Miet- und Grundstückspreisen in den Ballungsgebieten.

Ja, und all die Städter, die das Dorfleben durch ihren Zuzug bereichern, „verwässern“, wenn man so will, die ländlichen Bräuche und Sitten. Es funktioniert auf dem Dorf natürlich längst nicht alles, was zugezogene Städter versuchen. Besonders in Erinnerung geblieben ist mir eine Kunstausstellung, die explizit Kinder ansprechen sollte, die aber zu viel an Haut, Haaren und Sonstigem, was so dazugehört, freigab. Das stieß auf dem Land nicht nur auf null Interesse, sondern sogar auf Protest. Und das liegt nicht daran, dass Landmenschen prüde, verklemmt oder sonst was wären. Das behaupten selbst ernannte progressive Menschen nur allzu gerne. Sonst hätten wir alle ja auch nicht so viele Kinder, wenn wir prüde wären, nicht wahr? Nein, natürlich haben auch Dorfmenschen gerne ihren Spaß, und das nicht zu knapp. Aber wir haben hier – na ja, sagen wir – eine andere Anstandsgrenze. Eine meinetwegen konservativere, wenn man das unbedingt so betrachten möchte. Aber halt eine, die unseren Interessen, Werten und Vorstellungen entspricht.

Aber dennoch bereichern Neulandleute unser Umfeld, und das auch kulturell, was ich besonders liebe. Als Folge daraus schleichen sich immer mehr Lebensgewohnheiten der Städter in Dörfern ein, und die bereits zitierte Individualisierung – in seltenen Fällen auch die Anonymisierung – breitet sich, wenn auch langsam, aus. Was zum einen zwar Reformen forcieren und die Gemeinschaft durch frischen Wind und neue Fähigkeiten aufwerten kann, aber zum anderen dazu beiträgt, noch mehr alte Traditionen zu gefährden. Und auch deswegen müssen wir alles versuchen, die guten, sinnvollen Bräuche der jüngeren Generation zu erklären und sie durch dringend notwendige Anpassungen zu erhalten.

Martin und ich haben uns auch schon mal die Frage gestellt, was uns das Dorf eigentlich bringen würde, hätten wir nicht unsere Kinder. Für sie ist das im Moment hier noch das Paradies. Die vielen Tiere, die Luft und der nicht enden wollende Platz. Später werden sie vermutlich wie ich einst in größere Städte pendeln wollen und ihre knapp bemessene Freizeit damit verbringen, Bussen und Zügen hinterherzulaufen. Auch deswegen setze ich mich so dafür ein, dass man das Landleben attraktiver gestaltet. Damit alle im Dorf eine Zukunft haben, auch die Heranwachsenden.

Jetzt im Moment sind wir Bauern, und das mit größtmöglicher Leidenschaft. Daran ändert sich so schnell auch nichts. Denn wir leben unseren Traum. Doch kalkulieren wir mit der Möglichkeit, dass dieser Hof uns nicht ewig gehören wird. Vor allem, wenn man das europäische Hofsterben und sonstige aktuelle Entwicklungen in Betracht zieht. Aber dazu später mehr.

Jedenfalls ist es keinesfalls ausgeschlossen, dass wir eines Tages einen anderen Weg gehen müssen. Martin kann sich vorstellen, sich im höheren Alter („so ab dreißig", sagt er, um mich zu ärgern, denn mein Mann ist ein paar Jahre jünger als ich) in der Regionalpolitik zu engagieren. Ich wäre dann die coole Politikerfrau, würde Empfänge besuchen, Hände schütteln und mich übers Büfett aufregen. Wir würden in einer gemütlichen Stadtwohnung leben, ich hätte dann 4,7 Millionen Follower und jeden Tag frisch geschnittene und herrlich duftende Blumen in meiner Küche. Klingt großartig, oder? Finde ich au… Moment, mein Mann ruft mich gerade, ich soll bitte die Scheiße von den Kühen durchsieben helfen. Sein Ehering ist ihm da reingefallen. Morgen schreibe ich weiter …

## BAUERNWEISHEITEN 2.0

„Hey, Annemarie, jetzt hast du seitenlang wirklich nur kritisiert, gemahnt und gemeckert. Hast du denn auch Lösungen anzubieten?", fragte mich ein mitdenkender Leser, der aus der Zukunft zu mir gereist war, nur um mir diese Frage zu stellen.

Ich hatte euch sowieso versprochen, irgendwann im Buch einige wenige Bauernweisheiten vorzustellen. Und manche von ihnen bieten erstaunlicherweise ja selbst schon die Lösungen für unser Problem. Voilà!

### Drei Mal abgeschnitten und noch immer zu kurz

Ein lustiger Wortwitz eigentlich, der auf einen gedanklichen Kurzschluss hinweist. Wenn man etwa von vornherein einen falschen Ansatz verfolgt und sich anschließend wundert, warum man denn bitte nicht ans Ziel gelangt ist.

Um das zu veranschaulichen, nehme man beispielsweise unsere Events aufm Land. Auf dem Dorf gibt es eigentlich immer nur „Malle-Partys" (ja, so heißen sie wirklich). Mit Ballermann-Musik und allem, was dazugehört. Auch bei den „Oktoberfesten" wird eine ähnliche Musik gespielt, außer am Ende – da ertönen dann die klassischen Rausschmeißer-Hits (so hartes Elektro-Zeug), bei denen Berliner vermutlich jetzt erst in Stimmung kämen. Seit Jahrzehnten werden dieselben Sprüche gedrückt, wird dieselbe Musik gespielt und die Feier von denselben Leuten organisiert. Ey, muss wirklich wieder Roswitha (mittlerweile schon über 130) den Kuchenverkauf organisieren? Damit auch bloß niemand auf die Idee kommt, was anderes anzubieten als Muffins, Bananenbrot oder leckere Hartteigwaffeln? Wer will bitte zum millionsten Mal die Playlist von Onkel Siggi durchhören? Die er immer noch komplett auf Kassette mitschleppt und die man ständig mit dem Bleistift zurückspulen muss. Und bitte, können wir auch mal was anderes aufn Grill legen als immer nur

Bratwurst? BRATFUCKINGWURST! Wie oft denn noch?! Ja, warum lässt man das nicht einfach mal jemand anderen machen? Jemanden, der sich – okay – an alle gewohnten Organisationsregeln hält, unter strenger Kontrolle meinetwegen die notwendigen Dinge wie Getränke und Essen besorgt, aber beim Programm selbst seiner frischen Kreativität mal freien Lauf lässt? Jemanden, der weiß, worauf es ankommt, jemanden, der die richtigen Fragen stellt: „Worum geht es hier bei dieser Veranstaltung? Was ist uns allen wichtig? Worauf kann man verzichten? Und ist das mit den Ballermann-Hits wirklich noch nötig?" Und auf dem von ihm organisierten Fest lässt er dann vor den Augen des schockierten Onkel Siggi eine Rockband spielen, und es gibt eine Feuershow dazu. Ja, das fänd ich gut.

Und das ließe sich auch auf andere Gemeindeveranstaltungen übertragen. Warum führt man den Erntedankfest-Gottesdienst beispielsweise mal nicht in der Kirche, sondern im Dorfanger durch? Vorher futtern alle wie gewohnt Kaffee und Kuchen (bei Katholiken Kaffee und Oblaten? Oder wie macht ihr das?), aber danach sitzen sie gemütlich an der frischen Luft und genießen das Fest. Alle Bedingungen wären erfüllt – das Obst kann draußen stehen, und wer möchte, kann aus sicherer Entfernung zuschauen. Ja, und selbst Gott hätte theoretisch freie Sicht auf die Feiernden, sollte er dem Fest beiwohnen wollen. Die Erntekrone wäre vorhanden, der Gottesdienst fände statt, und die Menschen wären versammelt. Und das wäre doch alles, worauf es ankäme, oder? Dafür braucht man bei gutem Wetter die Kirchenmauern nicht.

Wer jetzt denkt, das wäre naiv, der hat noch nie versucht, mal etwas anders zu machen. Wer aber schon mal versucht hat, heimlich Pizza statt Bratwurst aufs Büfett zu schmuggeln, der weiß, wie dick Bauernbretter wirklich sind.

Es gibt ja Lebensbereiche, in denen sich dieses verrückte Tier namens Fortschritt schon angesiedelt hat. Ja, selbst auf dem Land funktionieren neue, frische Systeme bereits. Nehmen wir beispielsweise die Abiturienten oder andere Abschlussklassen. Die Generation, die laut vielen Meinungen „nur noch vor dem Computer hockt und nichts kann". Die organisieren Abschlusspartys für 500 Gäste, mitsamt VoFi-Feten, Raumbuchung, Catering, DJ. Mit Gesamtbudgets, die einem Boomer das Herz flattern lassen. Die organisieren sogar Klassenfahrten, ohne dass die Welt über ihnen zusammenbricht. Na ja, außer der Klasse meiner Brüder vielleicht ... Jugendliche bringen sogar ganze Schulzeitungen heraus und organisieren den durchaus komplizierten Redaktionsalltag selbst. Ja, es mag schon sein, dass nicht jede Neuerung auf Anhieb funktionieren oder es ein paar Versuche bedürfen würde, bis die Maschine mal läuft. Aber sie läuft ganz bestimmt irgendwann an. Und das sicherlich schneller, als vielleicht so manchem lieb wäre. Das wäre ja das Langweiligste von der Welt, wenn alles immer perfekt funktionierte. Denn es gilt auch folgende Bauernregel:

### Solange es hält, ist es kein Pfusch

Ich war mal bei einer Talksendung im dritten Fernsehprogramm eingeladen. Und diese Show wurde am selben Tag aufgenommen und ausgestrahlt. Mit einer mehrstündigen Verzögerung, wie mir die Produktion im vorherigen Gespräch mitteilte. Diese Verzögerung war auch für mich ganz entspannend, denn ich wusste ja, dass, falls doch etwas Schlimmes passierte, das noch rechtzeitig herausgeschnitten werden könnte. Zum

Beispiel, wenn jemand die leckere Frischmilch umkippte, die ich für alle zum Probieren mitgebracht hatte. „Oder wenn die Kamera umfällt", meinte ich noch zu dem Produzenten, woraufhin er mich nur traurig ansah und sagte, wie sehr sie sich so etwas doch bitte mal wünschen würden. Da war ich baff. Die Armen müssen tatsächlich einen solch reibungslosen Betrieb im Arbeitsalltag ertragen, dass sie sich vor lauter Perfektion langweilen. Und das kommt ja nicht von ungefähr, denn die Prozesse in solchen Fernsehproduktionen sind genauestens durchgeplant und werden sowohl an moderne Mittel als auch an moderne Gäste angepasst. Genau diese Anpassung würde uns auf dem Land mal guttun. Und wir hätten sogar den Vorteil (und die Freude daran), nicht gleich perfekt sein zu müssen. Das Unperfekte ist menschlich, das Unperfekte macht nahbar. Und um umfallende Kameras müssen wir uns eh keine Gedanken machen. Bei uns wird zwar auch mal gefilmt, aber es ist dann meist nur der Malte, der das Gegröle seiner Kumpels zu einem der Mallorca-Hits auf YouTube verewigen will.

### Nach „fest" kommt „ab"

Dass es diese Bauernregel so lange gibt und sie auf „Traditionen" bezogen kaum Anwendung findet, ist eigentlich erstaunlich. Denn sie beschreibt ja genau unsere Problematik, dass, wenn man etwas zu fest andreht (also übertreibt), man es bricht.

Ich erinnere mich nur zu gut an meine Freundin Anne, die, weil sie dreißig geworden und unverheiratet war, eigentlich hätte Klinken putzen müssen. Das erwartete nun mal die Dorfgemeinschaft von ihr. Und weil sie sich mit Händen und Füßen dagegen wehrte, musste ich eingreifen und die Tradition modifizieren. Ich wollte nicht, dass Anne leidet, aber auch nicht, dass jetzt gar nichts Traditionsmäßiges stattfindet, nur weil sie sich querstellte. Ich bin kein Verfechter davon, Gewohntes den Menschen einfach so zu entreißen, auch wenn es im Einzelfall berechtigt sein könnte. Denn eine Tradition hat immer eine lange Geschichte, da haben viele Menschen dran mitgewirkt. Und so einige Gesetze (denn als solche muss man viele Traditionen tatsächlich betrachten) sind auch mit Blut und Schweiß geschrieben worden. Da muss man bei aller Kritik respektvoll und vorsichtig ran. Nachdem ich da also, so wuselig ich nur konnte, mit spontan unvorhergesehenen Veränderungen überrascht und sie alle schnell zum Schnäpschen eingeladen hatte, um sie von der Klinkenputzerei abzulenken, kamen noch andere Freunde auf mich zu und hatten – oh Wunder – ganz eigene Ideen, wie sie es auch noch modifiziert hätten haben können wollen. Und das heißt ja mindestens, dass ich nicht die Einzige bin. Auch andere sind offen für solche Veränderungen und nehmen lieber abgespeckte und modernisierte Traditionsformen in Kauf, bevor die sprichwörtliche, zu fest angezogene Schraube alles abreißt. Vielleicht trauen sie sich nur nicht, die Ersten zu sein. Aber dafür machen wir das hier ja.

### Was fertig ist, ist fertig

Gut, zu dieser Bauernweisheit ist nicht viel zu sagen. Das ist der Lieblingsspruch von „Bauer Helmut“, also quasi meinem Alter Ego in meinen Instagram-Sketchen, dessen Figur auf meinem Vater basiert. Bauer Helmut ist der Inbegriff des schleswig-holsteinischen Altbauern, der, wie ihr bereits wisst, nur sehr ungern und erst nach mehrtägigem Gefluche und Drohungen ganz eventuell dazu bereit ist, etwas zu ändern. Aber selbst dann weiß er noch immer alles besser, trickst geschickt herum und hat alles – auch das, was nicht in seinem Einflussbereich liegt – im Griff. In eine ähnliche Kerbe schlägt auch …

**Hast du Scheiße am Schuh, hast du Scheiße am Schuh**

Ihr merkt schon, Bauern machen sich offenbar nicht allzu viel aus Rhetorik und dem Erfinden geflügelter Idiome mit großartigen und philosophischen Begriffskombinationen und Sätzen. Wozu aber auch? Was fertig ist, ist halt fertig. Apropos Rhetorik: Ich habe letztens mal eine kleine Instagram-Story gepostet, sie mit dem Satz „Jack Wolfskin, Helly Hansen und Wellenstein – Ein Traum jeder deutschen Kartoffel" kommentiert und mir überhaupt nichts dabei gedacht. Viele meiner Follower (unter ihnen auch Kartoffelbauern) haben sich köstlich über den Satz amüsiert, nur eine Frau fühlte sich durch den Begriff „Kartoffel" beleidigt. Ich habe mich daraufhin in die Recherche gestürzt und war überrascht, in wie vielen Foren und Artikeln das Problem tatsächlich diskutiert wird. Die spannendsten Analysen lieferten dabei aber eine Antwort, nämlich, dass Personen, die sich von diesem Begriff angegriffen fühlen, nur Sorge hätten, als Individuum in einer Masse (Kartoffelbrei?) unterzugehen. Mit der Followerin war leider nicht mehr zu reden, und auch mein Angebot, ihr als Entschuldigung eine signierte Kartoffel zu schicken, lehnte sie ab (dazugehörige Bauernweisheit: Der Kopf ist dicker als der Hals). Aber das bestätigt nur meine vorige Überlegung, bei der ich am liebsten Individuen funktional in die Gemeinschaft integriert sehen würde. Ohne dass sich die einen verdrängt und die anderen übergangen fühlen müssen. Das scheint mir in den heutigen Zeiten einer der Schlüssel zu sein. Denn das funktioniert auch andersherum. Zum einen wird eine Gemeinschaft durch einzelne Akteure bereichert, und zum anderen ist die volle Entfaltung des Individuums erst so richtig möglich, wenn man sich sicher in einer Gemeinschaft wähnt. Oder? Aber ich schweife mal wieder ab. Hier wollte ich ja nur lockere Bauernweisheiten besprechen …

**Gutes Heu braucht zweimal Regen**

Diese auf den ersten Blick langweilige und für Städter eventuell unnütz erscheinende Bauernregel ist alles andere als sinnfrei, denn sie ist dafür da, damit Bauern sich selbst beruhigen können. Heu will man immer so trocken wie möglich ernten, und Regen richtet dabei ein regelrechtes Desaster an. Und um eben trotz Regens nicht zu verzweifeln, haben sich Bauern diese hervorragend beruhigende Augenwischerei einfallen lassen. Tja, bei all der Härte und Rauheit, die man Landwirten bei oberflächlicher Betrachtung attestiert, sind sie im Grunde auch nur hochsensible Wesen. Hochsensible Wesen mit Treckern.

**Gibste der Kuh schlechtes Futter, gibts Margarine statt Butter**

Gut, hier ist es ganz einfach, allerdings weiß kaum jemand darüber Bescheid. Denn so, liebe Freunde, wird halt Margarine hergestellt. Daher kostet sie im Superparkt auch weniger als Butter.

Und natürlich darf auch die fein analytisch ausgearbeitete Weisheit nicht fehlen, die ich noch aus meinem Studium kenne. Sie stammt, glaube ich, von einem der weltbekanntesten Kuhforscher jener Zeit, der diesen wunderbaren Tieren sein Leben und seine ganze Arbeit gewidmet hat. Wir haben das Thema über zwei Semester lang an der Uni behandelt, und ich bin sicher, dass dieser Wissenschaftler genau weiß, wovon er spricht, wenn er sagt: Eine Kuh macht „Muh". Viele Kühe machen Mühe. Ja. So ist das auch. Ein weiser Mann.

Aber da nicht nur Kühe uns Freude und Mühe bereiten, sondern auch Mitmenschen, sollten wir alles daransetzen, um eben möglichst viele von ihnen zufriedenzustellen. Natürlich wird man niemals alle erreichen können, und man wird auch niemals allen gefallen, egal wie altruistisch man unterwegs ist. Aber wenn wir es schaffen, Traditionen durch clevere Modifikationen zu retten – denn sie sind bedroht –, die Werteweitergabe attraktiver zu machen und Gemeinschaften (und die darin verwobenen Individuen) zu stärken, haben wir eine gute Chance, das Landleben für viele Zielgruppen lebenswerter zu gestalten. Sowohl für diejenigen, die mit dem Gedanken spielen, zu fliehen, als auch für mögliche Rückkehrer und deren Anhang. Oder ganz neue, zukünftige Landmenschen. Ich möchte an dieser Stelle noch einmal betonen, dass meine Berichte und Lösungsansätze nur meine Sicht und Meinung widerspiegeln. Zwar eine Meinung, die auf vielen Gesprächen und dreißigjähriger Erfahrung beruht, aber dennoch nur eine Meinung ist. Ich sitze hier beim Tippen nicht mit erhobenem rechtem Zeigefinger und versuche, irgendjemanden zu belehren. Das würde ja auch nicht funktionieren. Zumindest würden dann in den obigen Kapiteln die Buchstaben „J", „H", „U", „Z" und ein paar andere fehlen.

# MEIN PAPA ~~HAT DEN GRÖßTEN BAUCH~~ IST MEIN GRÖßTER FAN

„Papa, ich werde Dachdeckerin."

„Was?"

„Ja, mit Spezialisierung auf Reet."

„Reet? Hm. Klingt gut. Aber wieso denn Reet?"

„Wieso denn nicht?"

„Isn Argument, Annemarie. Aber wolltest du nicht gestern noch Tischlerin werden? Mit Spezialisierung auf Fenster?"

„Ja, wollt ich. Aber was nützen einem Fenster, wenn das Haus kein Dach hat?"

„Is auch wieder wahr. Ich glaube, du wirst eine tolle Tischlerin, mit Spezialisierung auf Reet."

„Was?"

„Ja. Oder du suchst dir am besten einen Bauern auf Föhr und heiratest den. Der muss dann natürlich dicke Maschinen haben."

„Okay, mach ich, Papa."

„Siehste, Annemarie. Der Papa weiß immer Bescheid."

Mein Vater ist mein größter Fan, scherze ich immer. Und irgendwo ist er das auch, und das nicht erst, seit ich Instagram mache. Schon als kleinem Mädchen, das unbedingt Maschinen fahren wollte, hat er mir durch sein Vertrauen vermittelt, dass das alles schon irgendwie klappen würde. Selbst wenn ich voller Zweifel war, gab er mir stets das Gefühl, dass alles gut gehen, dass ich schon nicht vom Trecker fallen und alles andere auch erlernen würde. Er hat sich nicht nur geduldig die verrücktesten Ideen, Berufswünsche und andere Hirngespinste von mir angehört, sondern immer gezeigt, dass egal, was ich mache, egal wie schwierig die Lage gerade ist, er nie auch nur einen Millimeter an mir zweifeln wird. Anfangs durfte ich beispielsweise das Vorgewende im Feld nicht bearbeiten. Das ist der Bereich am Rand eines Feldes, wo man mit den Traktoren und Mähdreschern wendet. Ich sollte ihn, sobald diese Stelle bevorstand, immer anrufen. Dann kam er vorbei, und wir machten die Wende zusammen. Und einmal, da habe ich ihn mal nicht angerufen und das dann einfach selbst gemacht. Und bin dann noch allein durchs Dorf heimgefahren. Mit vierzehn! Total illegal und natürlich nicht nachahmenswert. Ich war so megastolz auf mich! Und mein Vater war das dann auch und hat am Mittagstisch allen erzählt, dass man auf dem Acker nicht mal eine einzige Reifenspur mehr gesehen hätte. „Als wäre sie geflogen“, sagte er und bewegte den rechten Arm geradlinig und eindrucksvoll schwebend über den Tisch. Und das hat meinen Rücken gerade gezogen, als hätte mich jemand am Scheitel gepackt und mit einem sanften, aber selbstbewussten Ruck nach oben gestreckt. Das gab mir enormes Vertrauen. Vertrauen in mich, Vertrauen in meinen Vater und Vertrauen in die Zukunft.

Manchmal übertrieb er natürlich mit seinen Geschichten. Einmal, auf einer der zahlreichen Fahrten vom Feld nach Hause – der Anhänger voll mit Stroh –, saß ich bei meinem Vater in der Treckerkabine. In meinem Heimatdorf steht mitten in einem Feld mutterseelenallein so eine riesige Halle. Heute weiß ich, dass das eine Maschinenhalle ist, aber damals war ich superneugierig.

„Vadder, wer wohnt denn eigentlich da?“, wollte ich wissen. Und mein Vater antwortete, ohne zu zögern: „Na, Helmut Kohl! Aber das dürfen wir niemandem erzählen, Kind.“

Und ich habe das auch niemandem erzählt, ihr seid die Ersten. Ich freute mich so über das kleine Geheimnis zwischen meinem Vater und mir. Und selbst als ich später mit sechzehn Jahren erfuhr, dass der Ex-Bundeskanzler dort doch nicht residierte (wahrscheinlich war ihm das zu weit von Bonn entfernt), war ich irgendwie nicht enttäuscht. Denn ich hatte bis dahin sieben Jahre lang das Geheimnis genossen und in mir getragen.

Immer wieder nahm mein Vater uns Kinder mit irgendeinem Quatsch aufs Korn. Mal erzählte er uns, unsere steinalte Hündin hätte endlich Welpen bekommen, mal, dass Kühe früher fliegen konnten. Die Hörner, die man heute bei Kühen noch sehen würde, wären verkümmerte Flügel aus früheren Zeiten. Und die Schwänze hätten sie als Propeller benutzt. Deswegen, sagte er dann, wären Kühe auch so langsam, weil sie sich an das Laufen noch immer nicht so richtig gewöhnen konnten. Wir Kleinen hörten ihm immer gebannt zu und freuten uns darüber, dass Kühe keine richtigen Flügel mehr hatten. Weil wir sie sonst nicht hätten melken können. Oder wenn, dann nur sehr umständlich, aus einem Flugzeug heraus. Manchmal, aber nicht immer, rief er dann: „April, April!“, und wir waren deswegen nur noch verwirrter. Denn meistens war dann gar nicht April, und woher hätten wir Pimpfe bitte wissen sollen, was das überhaupt bedeuten sollte?

Natürlich haben wir auch mal Meinungsverschiedenheiten, mein Vater und ich, und auch dann hält er mit seiner Meinung nicht hinterm Berg. Aber er macht dabei immer klar, dass es sich hierbei um seine Interpretation der Dinge handelt und dass er meine Entscheidungen, so verrückt sie auch sein mögen, respektiert. Dass ich jetzt mit einem Bauern verheiratet bin und nicht Fenster tischlere und auf einem Reetdach herumkraxle, macht ihm solche Zugeständnisse vermutlich noch ein wenig leichter.

Wenn es ihm unter den Fingernägeln brennt, mit mir über einen meiner Instagram-Beiträge zu schnacken, weil er mir seinen Expertenrat zu dem Thema aufdrücken will oder so, dann beginnt er immer ganz subtil damit, das entsprechende Video erst einmal zu loben.

„Dat letzte Video, dat war klasse, Annemarie."

„Aber?", frage ich meistens dann schon im Voraus, weil ich weiß, dass es bei dem „klasse" unmöglich bleiben, sondern gleich eine genaue Analyse folgen wird.

So auch, wenn es ein Video aus der Kategorie „Bauer Helmut" war, was ihn – oh Wunder – irgendwie am meisten zu interessieren scheint. Also ein Clip, in dem ich, als Altbauer Helmut verkleidet, mal durch die Stadt irre, mal wegen der anfallenden Erntehilfe meine Tochter ausm Unterricht lüge oder im Stehen ans Gestrüpp uriniere. Diese Videos liebt er, der Vadder. In solchen Fällen will er den Clip dann bis ins kleinste Detail durchsprechen und fragt sich, warum das Ding überhaupt bei den Leuten da draußen so gut angekommen ist.

Das könne er überhaupt nicht begreifen, heißt es dann. Denn er sehe absolut keinen Fehler, keine Marotten oder was auch immer in seinem Verhalten, woraus man dann Videos machen könnte. Aber gut, wenn die Leute es so haben wollten … „Und überhaupt, Annemarie – was gibt es da eigentlich zu lachen?!“

Und trotzdem erwische ihn jedes Mal dabei, wie er die „Bauer Helmut“-Clips heimlich immer und immer wieder anschaut und selbstzufrieden – und manchmal auch ein bisschen kopfschüttelnd – über den (eigenen) Charakter lacht. Im Übrigen gucken meine Eltern die Instagram-Videos auf dem PC und beschweren sich darüber, dass man immer nur so einen Ausschnitt sieht. Horizontal würde das Ganze doch mehr Sinn machen, sagen sie dann. Ich habe Vater empfohlen, bei „Meta“ einen Verbesserungsvorschlag einzureichen. Vielleicht gibt es dafür ja eine Belohnung. Hat er bisher aber noch nicht gemacht. Vielleicht denkt er ja auch, dass ich die Clips, wenn sie alle horizontal wären, ausschließlich im Liegen produzieren müsste, und will sich da lieber doch nicht einmischen.

Jedenfalls erkläre ich ihm dann immer, dass die „Bauer Helmut“-Videos so gut ankommen, weil viele von meinen Followern so einen Altbauern persönlich kennen, lieben, hassen oder selbst einer sind. Oder sie sind Kinder von einem solchen, wissen um die ganzen Marotten Bescheid und freuen sich darüber, dass sie nicht die einzigen Leidtragenden sein müssen. Am Ende stimmt er mir dann meistens zu. Nicht in meiner Analyse der Dinge, sondern weil er gut findet, dass ich an seinem „hervorragenden Beispiel“ anderen zeige, wie man es halt auf dem Hof richtig macht. Wenn jeder so vorgehen würde wie er, gäbe es auf der Welt überhaupt keine Probleme, schließt er dann die Unterhaltung darüber. Obwohl er natürlich nicht nachvollziehen kann, warum die andern nicht selbst auf die Lösung gekommen sind. Aber gut, so sei es nun mal – manchen Menschen müsse man eben unter die Arme greifen. Generell weiß mein Vater alles, was es auf der Welt so zu wissen gibt. Neulich hat er uns bei einem Besuch am Mittagstisch die Melonenernte erklärt. Die Melonenernte, Leute! Ich meine, was sollte denn das? Natürlich hat er noch nie in seinem Leben auch nur eine halbe Melone geerntet, aber er meinte sehr genau zu wissen, wie das funktioniert.

„Dat Einzige, wo ihr richtig gut aufpassen müsst, Kinder, ist die Bestimmung des genauen Reifegrads“, sagte er feierlich und lehnte sich am Küchentisch wissend zurück. „Dabei müsst ihr genau auf die Reifezeichen achten“, führte er weiter aus. „Ihr könnt das selbst testen. Die Wassermelone zum Beispiel muss dumpf klingen, wenn man mim Hämmerchen draufschlägt, und da muss an der Unterseite so ’ne gelbe Stelle sein.“ Martin und ich schauten uns an. „Wo ist denn die Unterseite bei ’ner Melone, Papa? Die is ja rund“, fragte ich ihn, um ihn ein bisschen zu fordern.

„Dat weiß ich nich“, sagte er dann, korrigierte sich aber schnell: „Dat kann man sich, glaube ich, aussuchen.“

Und damit fängt so ein Beratungsgespräch mit Bauer Helmut erst richtig an. Er bringt uns bei, wie man Kinder erzieht, einen Kuchen backt (hätte er bei Muttern genauestens abgeguckt und wäre jetzt Experte) und Kühe füttert. Und er schnackt irgendwas Wildes über moderne Milchkuhhaltung. Die Kühe würden es angeblich so lieben, wenn ihnen irgendwas aus den Mäulern hängt, sagt er dann. Daher sollte man denen immer sehr lange Halme als Futter geben. Oder er meint, dass Sackgassenbildung im Stall überhaupt keine Probleme bereiten würde. Das hätten Kühe aus den Sechzigern ja auch so erlebt und problemlos geschafft. Spätestens hier hake ich dann immer ein, denn zum einen können Kühe kleinere Futterhackslängen viel besser verdauen (nur Menschen stecken sich Halme in Münder und lassen sie demonstrativ raushängen), und zum anderen führt so 'ne Sackgasse im Stall immer dazu, dass dominante Rinder die scheueren Tiere erst so richtig vermöbeln. Ein Fluchtweg ist für die hierarchisch tiefer gestellten Kühe schlicht unabdingbar.

Ja, Vater ist einfach kein Spezialist für Rinder. Und auch nicht für Kuchen. Und erst recht nicht für Melonen. Er ist und war immer für die Erde, den Boden zuständig, das ist sein Revier. Er liebt Ackerbau, und ich liebe Kühe. Und wenn man ihm widerspricht, macht ihm das überhaupt nichts aus, er wechselt dann nur geschmeidig das Thema und erklärt uns was über die Wolkenbildung über Neuseeland. Manchmal glaube ich, es geht ihm überhaupt nicht um den Inhalt, sondern er möchte einfach nur alle an seinem Gerede teilhaben lassen. Das ist vielleicht auch ein Ausdruck seiner Freude darüber, dass ich Bäuerin bin, mit Martin zusammen. Mit ihm kann er auch immer schön über Ackerbau fachsimpeln, versuchen, ihn von seinem konventionellen Ansatz zu überzeugen, obwohl wir ja einen Biohof haben. Und mein Mann hört ihm dabei immer geduldig zu. Manchmal versucht mein Vater, auch meinem ältesten Bruder was beizubringen, erinnert sich dann aber nach wenigen Sätzen schnell daran, dass er von Wirtschaftsinformatik noch weniger versteht als von Kühen, und gibt es dann vorzeitig auf. Umso mehr bekommen wir seinen Fachschnack zu hören, und wir freuen uns darüber, dass er sich so freut, uns „landwirtschaftstechnisch noch 'ne ganze Menge beibringen" zu können. Allein dafür, dass sie einen Landwirt geheiratet hat, hat es sich für Bauer Helmut gelohnt, eine Tochter zu züchten.

Er hatte selbst mal den großen Traum, nach der Wende einen Betrieb im Osten zu kaufen und hier einen auf dicken Ackerbauer zu machen. Das ist damals vor allem daran gescheitert, dass sich meine Brüder vehement dagegengestemmt haben. Sie haben gesagt, das würde keinen Sinn machen, Vater könnte kein Ostdeutsch und überhaupt. Ich habe mich bei dem Thema immer zurückgehalten, aber ich glaube, ein bisschen traurig ist er deswegen doch. Und daher findet er das auch so spannend, dass ich jetzt hier lebe und mit Martin einen Hof führe. Er ist immer sehr neugierig darauf, wie es bei uns abläuft, und empört sich, wenn Martin nach der Ernte schon um 19:00 Uhr heimkommt, anstatt wie er früher bis 23:00 Uhr durchzuballern. Und Martin lächelt dann und sagt ruhig: „Helmut, wir ernten im Sommer jede Woche. Jede Woche fahren wir Silo. Wir müssen das lange durchhalten.“ Und Helmut weiß in diesen Momenten genau, dass seine Ernte immer nur einen bis zwei Tage dauerte, und murmelt dann irgendwas in seinen Bart, gibt sich aber geschlagen.

Auch dass wir Mitarbeiter beschäftigen, ist für ihn total fremd. Er kann nicht verstehen, wie man jemandem außerhalb der Familie so vertrauen kann, dass man derart viele Aufgaben aus der Hand gibt. Und das bei manchen mittlerweile schon seit mehr als zwanzig Jahren am Stück. Das fasziniert ihn total. Martin und ich sind heimlich froh, dass wir nicht im direkten Einflussgebiet meines Vaters leben und arbeiten. Er würde uns wahrscheinlich entweder permanent einspannen wollen oder unsere Mitarbeiter mit Schnack und Fachsimpelei ständig ablenken. Oder mit seinem tollen Hoflader angeben und

Kunststücke vorführen. Aber wenn er uns hier besuchen kommt und auf dem Striegel (das ist so ein Gerät zur mechanischen Unkrautbekämpfung) herumklettert, ist er stolz und freut sich, uns womit auch immer, und wenn auch nur kurz, helfen zu können. Obwohl wir hier das Sagen haben. Jedes Mal, wenn er uns besuchen fährt, packt er Gummistiefel und lange Grashalme ein. Man weiß ja nie, und mit Kühen ist immer was los.

## MEINE MUTTER IST MEINE GRÖSSTE FANIN

Noch mehr als mein Vater unterstützte mich meine Mutter auf meinem Weg, Bäuerin zu werden. Sie hat es nicht „pushy" getan, sondern eher dezent, leicht verborgen. Meine Mutter hat immer verstanden, wonach ich mich sehne, und dass ein Hofleben dasjenige wäre, was mich am Ende glücklich macht. Und wenn ich mit meiner Mutter über Landwirtschaft und das Muttersein rede, dann fühle ich mich unheimlich geborgen. Sie fängt mich auf und kann mich in solchen Themen verstehen, wie keine Freundin es könnte. Sie weiß immer ganz genau, durch welche Phase ich gerade wandle, was es für mich heißt, bei der Ernte zu helfen, das Essen für alle vorzubereiten, mich um Kinder (und Kühe) zu kümmern und eventuell zeitgleich auch noch schwanger zu sein. Sie ist eine „Leidensgenossin". Wenn ich beim Erzählen ihren Blick sehe, der nur so ganz knapp an den Brillengläsern vorbeistreift, dann weiß ich, dass sie nachvollziehen kann, was ich gerade empfinde. Dass Ernte ist und Martin immer erst abends heimkommt. Dass ich für alle kochen und backen muss, aber am liebsten – nur so ganz kurz – gerade melken würde, um ein bisschen runterzukommen. Sie freut sich auch so sehr darüber, dass wir so viele Kinder haben. Dass wir auf einem Hof leben, und dass uns das alles so glücklich macht. Sie weiß um die schwierigsten Strickmuster Bescheid und dass dieses Gefühl, gerade ein Kind bekommen zu haben und es in den Armen zu halten, geradewegs süchtig macht. Meine Mutter weiß alles. Und ich weiß, dass sie glücklich ist, weil ich mit Martin, Hof und Kindern glücklich bin.

Auch mein Vater ist trotz seiner permanenten Pseudobelehrungen von meiner Arbeit als Mutter begeistert. Er ist unheimlich kinderlieb und mag vor allem die Kleinsten, weil sie noch so wenig Widerworte geben. Das scheint ihm aus irgendeinem Grund besonders wichtig zu sein. Nach jeder meiner Geburten kamen meine Eltern für etwa eine Woche zu uns, um uns zu unterstützen. Auch wenn mein Vater bereits das allererste Baby glücklich in seinen Armen hielt, waren er und Mutter damals noch skeptisch. Martin und ich – 22 und 27 Jahre alt – steckten in jener Zeit noch beide im Studium, lebten in einer winzigen Wohnung, und alles war wild. Nach der Geburt wohnten wir, weil alles eben so chaotisch war, etwa sechs Wochen bei ihnen. Und damals hätten sie uns am liebsten eine Million Ratschläge zum Baby gegeben, das konnte ich sehen. Heute scherzen wir darüber, und ich sage Dinge wie: „Oh, Mann, war das aber ganz schön crazy damals mit euch – ich wär ja fast ein zweites Mal ausgezogen!“ Und ja, es war auch eine krasse Zeit. Das erste Kind hat mich völlig umgehauen. Es hat mich komplett aus meinem Orbit geschossen und mich völlig verändert. Meine erste Tochter hat meine ganzen Prioritäten von einem auf den anderen Tag komplett verschoben, und die Tatsache, dass ich von nun an für ein ganzes Menschenleben mitverantwortlich sein sollte, hat mich wie ein ICE überfahren. Es hat eine ganze Weile gedauert, bis ich mit den Veränderungen umgehen konnte. Hinzu kamen noch andere Dinge, wie dass ich eine gute Freundin verlor, weil ich eine ganze Weile keine Zeit mehr für sie hatte. Das ist inzwischen okay, so läuft es anscheinend nun mal. Aber damals war es hart. Jedes weitere Kind war dann easy im Vergleich zum ersten. Und bei meinen Eltern damals, da bin ich durch die Hölle gegangen. Aber meine Eltern haben mir Wäsche gewaschen, Essen gekocht, haben mir zugehört und nur ganz, ganz selten mal einen dezenten Tipp fallen lassen, dass man zum Beispiel das Badewasser für Tilda ja ein bisschen wärmer halten sollte oder dass es jetzt nicht so doll wäre, allein und sofort nach Südamerika auszuwandern. Ich stellte dann meist meine Koffer ab und bedankte mich still. Sie wussten, sie konnten das Muttersein nicht für mich übernehmen, und sie wussten, dass wir es schaffen werden, trotz aller Wochenbett-Launen und sonstiger Unsicherheiten. Sie haben uns vertraut und haben sich zurückgehalten. Bis auf ein einziges Mal, als Martin mit einer aus der Sicht meines Vaters falschen Melone nach Hause kam. Auch im Supermarkt müsse man aufpassen, sagte Bauer Helmut. In den Lieferketten seien noch zu viele Dilettanten beschäftigt, und es komme noch häufig vor, dass falsch geerntete Melonen in Obstregalen landeten.

Aber das Vertrauen meiner Eltern in jener Zeit hat mir die Sicherheit gegeben, danach sofort wieder schwanger zu werden. Und danach wieder. Und auch danach …

### Eltern-Test

Über meine Arbeit im Internet und mittlerweile auch auf diversen Gesprächsplattformen ist mein Vater sehr froh. Immer wieder strudelt in unserer gemeinsamen Familien-Whatsapp-Gruppe ein lobendes „Tolle Werbung für unseren Beruf, Annemarie“ ein, wenn ich mal im Fernsehen zu sehen war. Und dann muss ich immer lächeln. Denn meine Eltern wurden in einer Zeit groß und hatten da ihren beruflichen Höhepunkt, in der für die Landwirtschaft keinerlei Reklame notwendig war. Die Menschen wussten um die essenzielle Wichtigkeit dieser Branche und waren dankbar dafür. Das hat sich heute in Teilen sehr stark verändert. Die Kommentare von meinem Vater sowie die Tatsache, dass er nicht nur meine Clips akribisch verfolgt, sondern auch einige Profile anderer Agrar-Influencer, sagen mir zwischen den Zeilen ganz deutlich, dass er sich Gedanken und ja, sogar Sorgen um den Fortbestand unseres Berufes macht. Aber die Würdigung meiner Arbeit tut gut. Als jemand, der sieben ältere Geschwister auszustechen hatte, war ich natürlich immer um Anerkennung bemüht, das kann man kaum verschweigen. Und das, obwohl ich als Kleinste eigentlich immer recht viel Anerkennung erhalten habe. Nicht nur von meinen Eltern, sondern auch von anderen. Etwa von meinem Bruder Holger, den ich irgendwo auch als Vaterfigur gesehen habe. Oder auch von der Mutter meines besten Freundes aus der Kindheit. Gefühlt habe ich die Hälfte meiner Kindheit bei Paul verbracht, und seine Mutter Dorle ist so eine liebe Frau, dass ich mich glücklich schätzen kann, auch von ihrer Liebe etwas abbekommen zu haben. Natürlich fanden meine Eltern nicht alles gut, was ich – vor allem – als Teenager und junge Erwachsene machte. Mein erstes Piercing zum Beispiel oder mein überdimensioniertes Kuhkopf-Tattoo, das ich am Geburtstag meiner Mutter auf meinen linken Oberschenkel stechen ließ. Wie auch mein „Vagabunden-

Leben" im ersten Jahr nach dem Abi, als ich durch die Welt annemarierte und einen Hotelklubjob nach dem anderen annahm. Nur, um auch mal weg zu sein und praktische Nichtmelkerfahrungen einzusacken. Das alles war in ihren Augen mindestens seltsam und ein bisschen beängstigend, aber ich glaube, Teenager machen manchmal solche Sachen, auch um zu testen, ob ihre Eltern sie lieben. Ob ihre Eltern sie nicht nur zu Erziehungszwecken und zur persönlichen Bereicherung „halten", wenn man so will. Ich kenne heute einige erwachsene Menschen, die in ihrer Kindheit nicht die Anerkennung und Aufmerksamkeit erhalten haben, die ihnen als Kind zustand. Nicht selten werden daraus verunsicherte Individuen, die sich ihr Leben lang fragen, was sie damals falsch gemacht haben mögen. Und meine Eltern bestanden glücklicherweise den Test.

„Willst du ‚halten' im Zusammenhang mit Kindern wirklich so stehen lassen, Annemarie?"

„Maddin. Wenn wir schon ein Buch über Landwirtschaft schreiben, dann müssen wir auch dat Vokabular danach ausrichten, nech?"

„Was ein Glück, dass du keine Sketche oder sonst was über UNSERE Kinder machst …"

„Jaja. Geh ma zu deinen Maschinen und lass mich schreiben, du Kunstbanause."

# SELBST WENN ES AUF DER SONNE BRENNT – DER HOF MUSS LAUFEN

Morgens um sechs klingelte heute mein Handy. Nicht, dass ich nicht schon wach gewesen wäre. Das war ich, und zwar bereits seit über einer Stunde. Ihr wisst ja, die Kinder, die fahrlässigerweise noch bei uns wohnen, fangen ihren Tag gerne früher als später an. Das wird sich ändern, wenn sie erst Teenager sind, aber heute ist es halt noch so. Die armen Hühner, denke ich immer. Denn bei uns ist es so, dass unsere Hähne mit den Kindern aufstehen und nicht andersherum.

Jedenfalls klingelte um sechs Uhr mein Telefon, und ich schreckte auf. Ich war gerade dabei, mir meinen „Cold Brew" (eine hervorragende Art, kalten Kaffee zuzubereiten), den ich immer am Vorabend mache, zu gönnen. Eine der wenigen, aber fest eingeplanten Auszeiten, die man als Bäuerin hat. Ich wusste schon am nervösen Klingelton, dass es ein Ausnahmefall sein musste, denn in der Regel ruft niemand aus dem Team vor acht Uhr morgens hier an. Niemand Menschliches jedenfalls. Und Kühe können zum Glück nicht telefonieren. Die haben ja

Hufe. Versucht ihr mal, damit irgend 'ne Nummer zu tippen. Unmöglich. Also hob ich seufzend, aber pflichtbewusst den Handyhörer von der nicht vorhandenen Gabel und lauschte der Stimme, die es gewagt hatte, mich bei meinem Kaffee-Ritual zu unterbrechen.

„Hallo, Annemarie!", rief es aus der Ferne.

„Hallo, Agnes, wat rufstn so früh an? Ist wat passiert?"

„Hier laufen Kälber die Straße entlang. Ich glaub, das sind eure. Kannst du mal kommen?"

„Bin unnawegs!"

Ich legte auf und rannte zur Tür. Aus dem Fenster konnte ich schon erahnen, dass am Stall irgendetwas nicht stimmte. Meine Kühe hatten es tatsächlich geschafft, die Verriegelung so weit zu lösen, dass zumindest die Kälber durchpassten, auf die Straße rannten und in den Westen flüchteten. Also, in den Westen von Zollchow, meine ich, nicht in den Westen im ursprünglichen Sinne. Kann man ihnen aber auch nicht verdenken, den Kälbern. Als Biohof-Tiere sind sie Freiheit gewohnt. Verbringen ja fast den ganzen Tag auf den Feldern. Ich gönnte ihnen diesen spontanen Ausflug auch, musste aber dennoch eingreifen. Denn im Straßenverkehr kommen Kälber halt nicht gut zurecht. Sind ja auch noch klein. Ich trieb sie also alle zusammen und führte sie heim. So richtig oldschool mit kurzen Sprints, herumfuchtelnden Armen, lauten Rufen und natürlich meinen üblichen Liebesbekundungen an meine Rinder. Denn sauer war ich selbstverständlich nicht. Gott sei Dank aber war die neugierige Agnes schon wach gewesen und hatte mir Bescheid gegeben.

Als ich wiederkam, war mein Kaffee schon warm und kaum genießbar. Ihr kennt das Problem sicher auch, nur andersherum. Also ab in den Kühlschrank damit und auf die nächste Auszeit warten, sagte ich mir leise. Denn jetzt war erst einmal Pflicht angesagt.

### Komme, was wolle

Auszeit ist, wenn man Tiere hat, ein schwieriges Thema. Alles hängt von ihnen ab. Pausen, Urlaube und sonstige Ruhemomente gehen Hand in Hand mit der Verantwortung für die lieben Horn-, Huf- und Federgenossen. Wenn man auf einem Bauernhof groß geworden ist, ist die Aussage „Tiere zuerst" keine Floskel. Es ist ein mit der ~~Kuh~~Muttermilch aufgesogener Leitsatz, dem man sich pflichtbewusst und gleichzeitig freiwillig ergeben hat. Wenn man so eng mit Tieren zusammenlebt und -arbeitet, stellt man diesen Leitsatz auch niemals infrage. Man weiß ja, man wird seine Pausen, seine Auszeiten bekommen, sobald der aktuelle Pflichtblock erledigt ist. Die erste Entspannung, abgesehen von dem morgendlichen Kaffee, stellt sich bei mir zum Beispiel ein, sobald die Kühe morgens gemolken sind und ihre Erleichterung selbst sichtbar genießen. Dann habe auch ich Grund zum Durchatmen. Und speziell diese Entspannung hält so lange an, bis die Tiere am Nachmittag wieder gemolken werden. Und das Tag für Tag. Ich habe, wenn man so will, mehrere Spannungs- und Entspannungsstränge, die sich, auf unterschiedliche Aufgabenbereiche verteilt, durch den gesamten Tag ziehen.

Nach der morgendlichen Melksession genieße ich meine persönliche Lieblingsmahlzeit des Tages – das Frühstück. Bis hierhin sind nicht nur die Kühe gemolken, sondern auch gefüttert, die Kälber (eingefangen und) versorgt. Die Katzen bekommen auch noch ihre Milch, und für die Hunde fällt 'ne Stulle von meinem Frühstückstisch ab. Dann, und erst dann, bin ich für die nächste halbe Stunde total in meiner Auszeit. Komme, was wolle. Außer natürlich bei ausgebrochenen Tieren, Ernte, Reparaturen, Besuchen, Unternehmensgesprächen, Interview-Anfragen, E-Mails vom Verlag, Schulausflügen, kranken Kindern, Kuchenbackpflichten, Belegschaftsproblemen, Zeitmangel, Melkroboter-Wache, familiären Notfällen, Maike, die anruft, um mir von ihren Problemen im Lehrerberuf zu erzählen (sie beschwert sich, dass sie zu viele Ferien hat), kaputter Handykamera, verärgerten Follower-Zuschriften, Zeugen Jehovas an der Tür oder meinem Mann, der ausgerechnet just in diesem Moment einen 30-minütigen Ratschlag benötigt. Aber ansonsten bekomme ich natürlich meine verdiente Pause.

## WENN DU ÜBER MITTACH ANRUFST, SIND WIR DIE LÄNGSTE ZEIT FREUNDE GEWESEN

Über die Mittagsstunde – die heilige Stunde in einem Landwirtschaftsbetrieb – wisst ihr ja schon ein wenig Bescheid, Stichwort „Claudia“. Das ist meine nächste Auszeit des Tages. Hier sind die Tiere gerade noch satt genug, deren Euter noch nicht allzu prall gefüllt, und auch die Hühner haben ihre Eierlegearbeit meist am Vormittag erledigt. Also kann ich auch hier lecker essen und von 12:30 bis mindestens 13:30 die Füße hochlegen. Ganz kleine Auszeiten hole ich mir über den Tag verteilt überall ein. Habe ich gerade Heu verfüttert, genieße ich für eine Minute das sabbernde Schmatzen der Tiere. Ihre Zufriedenheit, den freudigen Dampf aus ihren Nüstern und ihr Glück, für ihr Futter nicht allzu hart arbeiten zu müssen. Und ich freue mich deswegen auch für sie. Habe ich gerade den Hühnern die Mittagsreste hingeworfen, stehe ich noch minutenlang da und schaue dem wilden Herumflattern zu und dem Kampf um die leckersten Melonenstücke zu. Wenn ich mit dem Trecker rausfahren muss, beginnt meine Entspannung, sobald alle Einstellungen und Stände geprüft sind und ich ruckelnd und lächelnd zum Feld unterwegs bin. Ich bearbeite unter dem monotonen Maschinengeratter in heiligster Ruhe den Acker und erfreue mich an den vorbeifliegenden Störchen und Möwen. Graziös gleiten sie übers Feld und versuchen, Würmer und anderes Getier zu erhaschen, was die umgewühlte Erde so freigibt. Manchmal wundere ich mich, wie diese langbeinigen Störche überhaupt fliegen können, denn wenn sie auf Dächern oder Strommasten herumhocken, wirken sie immer so steif. Als hätten sie nie eine bessere Note als eine Drei minus in Sport gehabt. Wenn ich den Vögeln so bei ihrem Treiben zusehe und dabei ein mitgebrachtes Eis schlecke oder eine Zwischenstulle genieße, schließe ich vorsichtshalber die Fenster des Treckers. Bei diesen verrückten Möwen weiß man ja nie.

Später im Stall, beim Melkstand-Saubermachen, kann ich weiter träumen. Denn in diesem Moment ist die Hofarbeit des Tages beinahe erledigt, alle sind gesättigt und froh, und ich kann darüber nachdenken, was wir gleich noch so Schönes machen. Ihr seht schon, auch ich als Bäuerin habe zwar streng durchgetimte, aber doch ausreichend persönliche Ruhemomente. Außer vielleicht bei einer Pandemie in der Kita, einem durchgeregneten Dach, einer Ketose-kranken Kuh, die unverzüglich behandelt werden muss, unbeantworteten Whatsapp-Nachrichten, Katzengeburten, Abgabeterminen ... Ach, ihr kennt das Spiel.

### Hirnurlaub im Automatik-Modus

Auch wenn die Arbeit mit Hof und Tieren streng durchgetaktet, extrem hektisch und unvorhergesehen sein kann, geben die einzelnen Aufgaben mir meist ausreichend Raum für Ruhe. Es fühlt sich an wie Hirnurlaub, wenn ich mich wie im Automatikmodus den Arbeiten hingebe, über den Hof schwebe und meine Arme quasi autonom machen lasse. Sie kennen die Arbeit ja auch schon seit bald dreißig Jahren und kommen bestens auch ohne mich zurecht, denke ich dann. Und ich vertraue ihnen komplett. Das ist in meiner Beziehung mit meinen Armen dann die Voraussetzung. In dieser Zeit, in der sie herumwerkeln, kann ich meinen Gedanken freien Lauf lassen, meine Planungen durchgehen oder einfach nur reisen. Reisen im Kopf. Denn für echten Urlaub, wie es normale, nichtbäuerliche Menschen kennen, bleibt uns nicht allzu viel Zeit. Aber dazu später mehr. In meinen Gedanken diskutiere und streite ich, mit anderen und mit mir selbst. Die produktivsten Gespräche habe ich schon frühmorgens im Melkstand geführt. Ich überlege dann, was ich der Greta dieses Jahr zum Geburtstag schenken soll. Nächstes Jahr wird es ja leicht werden, da kriegt sie einfach mein Buch, ob sie will oder nicht. Aber dieses Jahr muss ich mir noch was Kreatives einfallen lassen. Ich denke auch häufig darüber nach, was Kühe so denken. Vielleicht fragt sich in diesem Moment ja eine von ihnen, was mir gerade so durch den Kopf geht. Wenn, dann bestimmt die Ilse dahinten. Die hat so einen schlauen Blick. Und natürlich denke ich bei den Arbeiten im Stall auch darüber nach, welches Video ich als Nächstes auf Instagram posten werde, welche Themen ich noch nicht behandelt habe, welche Marotten von Bauer Helmut ausstehen und ob ich überhaupt die Zeit haben werde, das Video diese Woche zu schneiden, mit Untertiteln zu versehen und mir einen coolen Anreißer dafür zu überlegen. Besonders toll finde ich, dass ich bei den Aufgaben im Freien, im Stall und im Feld nicht vor dem Fernseher oder irgend 'nem anderen Monitor hocken muss. Dass ich mich nicht in irgendwelchen Posts, irgendwelchen E-Mails oder anderem virtuellen Kram verliere und die Fremdfrequenzen durch mein Hirn jagen lasse. Die digitale Entgiftung, von der man so gerne spricht, ist, glaube ich, eine bedeutende Sache. Und das lernt man erst mit der Zeit so richtig zu schätzen. Wenn sich bei Gleichaltrigen, die nicht körperlich arbeiten, schon die ersten Wehwehchen einschleichen oder sie permanent über Müdigkeit klagen. Ich meine, ich stehe jeden Morgen – ja, auch am Wochenende – vor fünf Uhr auf. Ich weiß, was es heißt, nicht ausreichend Schlaf zu bekommen. Und ich weiß, was es heißt, körperlich müde und ausgelaugt zu sein. Aber diese Müdigkeit ist eine andere als die geistige. Als die, die man ganz sicher kriegt, wenn man parallel drei Bildschirme verfolgen muss und permanent hochfokussiert und gleichzeitig hochabgelenkt durch die Bürozeiten stolpert. Und abends, wenn man dann nach Überstunden nach Hause kommt (während der Fahrt hört man natürlich ein Hörspiel oder schaut, falls in der Bahn, Videos auf Instagram), wirft man sich auf die Couch und schmeißt den 54 Zoll großen Fernseher an, „um endlich mal zu entspannen". Ja, ich bin glücklich, dass ich das alles nicht so haben muss. Und auch nicht haben kann. Denn abgesehen von meinen Händen, die andere Arbeit gewohnt sind, würden meine Ladys es ganz schön unhöflich finden, wenn ich permanent nur aufs Handy schauen würde, anstatt mit ihnen zu schmusen. Und ganz ehrlich – ich brauche diese ungewöhnliche Paarung von körperlicher Anstrengung und seelischer Ruhe. So bin ich aufgewachsen, so war schon meine Mutter damals, und seit meiner Ehe und den Kindern weiß ich bewusst, dass auch ich diese drei Stunden täglich allein im Melkstand brauche, um gute Laune zu haben. Um reibungslos zu funktionieren.

## DIE LAUTE STILLE NACH DER ERNTE

Weizen, Roggen, Raps und Gerste. Strohballen, Gras und Mais. Schon als Kind habe ich diese Ruhe nach der Ernte wahnsinnig genossen. Ich sehe noch genau meinen Vater vor mir, mit seinem von Staub bedeckten Gesicht. Mit kleinen Rispen in seinen humorvollen Augenwinkeln. Mit seinen übertrieben braunen Armen und Beinen, in deren Haaren sich kleine Strohreste verwirbelt haben. Ein Geruch von Maschinen, Öl, Staub und Schweiß umhüllt mich, wenn er dann auf mich zugeht und sagt: „Annemarie, Mädchen – wir haben's geschafft."

Und dann sitzen wir ungeduscht, erschöpft, aber glücklich auf dem von der Motoranstrengung noch heißen Trecker auf dem frisch abgeernteten Feld. Alle zusammen. Die Erwachsenen mit Bier und die Kinder mit gelber oder weißer Brause in der Hand.

Die Störche wirkten damals noch größer, und die Erleichterung war für alle greifbar. Sie zeigte sich in lautem Lachen – und dafür musste noch nicht einmal jemand einen Witz machen – und hochzufriedenen, müden Gesichtern. Einer meiner Brüder hat dann meistens laut gefurzt, um die Ruhe zu stören. So sindse, die Männer – mit Harmonie können sie einfach nichts anfangen, da werden sie gleich nervös. Und wenn ein Moment zu melancholisch, „zu weibisch" wird, müssen sie dazwischenhauen. Aber selbst dann haben wir alle nur laut gelacht und uns weiter in Zufriedenheit, Gemeinschaft und Stolz gesonnt. Es wurde gefachsimpelt, wie die Ernte aus der Sicht jedes Einzelnen so verlaufen war und was man sich vornehmen würde, im nächsten Jahr besser zu machen. Ich fand die Ernte immer aufregend, mein Bruder Henning „gelungen" und mein Vater Helmut „ganz gut". Eine höhere Wertung als „ganz gut" war bei ihm ohnehin nicht zu bekommen, also hatten wir alle alles richtig gemacht. Wir lachten über dieselben Pannen, wie sie jedes Jahr vorkommen, und beinahe hätte es ja auch noch angefangen zu regnen. Aber alles war am Ende gut gegangen, und die sich über Tage aufgebaute Anspannung entlud sich in unserer Albernheit, Freude und Ruhe. Zuvor im Gefecht brüllte man noch so laut, dass Möwen herbeiflogen. Die Stimme eines angespannten Bauern scheint der der Möwe recht ähnlich zu sein. Aber das ganze Geschrei, die von Knud versäumte Ölstand-Kontrolle, Holgers windschiefe Rillen, Mutters viel zu leckere Pausenstullen (ja, auch darüber meckerte man unter Spannung) und die Restangst, es könnte, warum auch immer, vielleicht doch noch regnen, waren nach der erledigten Ernte wie weggemäht. Denn dann war man auch wieder glücklich über Elkes Zauberei in der Küche und genoss zufrieden den besten Kuchen der Welt. Vater fand ihn dann auch „ganz gut", also war er großartig. Nach Hause fuhren wir Kinder im Anhänger der untergehenden Sonne entgegen. Der Hänger warf so ewig lange Schatten, dass sie hinter unserem frisch geernteten Feld in den Horizont hineinstachen, und sollte ich jemals ein Schnulzenfilm-Drehbuch schreiben müssen, werde ich diese letzten Absätze dafür hernehmen.

Diese Erleichterung, die ich heute noch spüre, gebe ich genauso an meine Kinder weiter. Auch sie stehen mit uns auf dem abgeernteten Feld und freuen sich, dass es Kuchen und Säfte gibt und dass die Erwachsenen plötzlich alle nicht mehr gestresst wirken, sondern sogar Zeit haben, zu scherzen und mit ihnen zu spielen. So etwas ist – zumindest suggeriert mir das meine Erinnerung – für die Kleinen erholsamer als jeder Urlaub.

## URLAUB? WAS WAR DAT DENN NOCH MAL?

Urlaub auf dem Hof ist ja noch mal ein Thema für sich. Denn wenn man nicht da ist, um den Betrieb zu schmeißen, muss es jemand anderes machen. Aber wer passt denn jetzt darauf auf, dass die Kühe da bleiben, wo sie sollen? Wer achtet auf meine Hühner, wenn ich weg bin? Wer gießt unsere Pflanzen? Klar kann das theoretisch jemand anderes übernehmen, aber selbstverständlich macht niemand die Arbeit so gut wie man selbst – davon ist man fest überzeugt. Und man möchte auf keinen Fall, dass auf dem Hof etwas schlecht gemacht wird. Es geht ja schließlich auch um Kühe. Ob ich diese verrückten Gedanken von meinem Vater habe, kann man nicht wissen. Also, kann man natürlich schon. Aber ich möchte das hier nicht aussprechen.

Der Betrieb meiner Eltern damals war ein klassisches Familienunternehmen. Dort arbeitete zu keiner Zeit jemand anderes als meine Oma und mein Opa, meine Eltern und wir Kinder. Deshalb dauerte damals unser gemeinsamer Urlaub nicht etwa vierzehn Tage wie bei anderen, sondern immer nur von acht bis fünfzehn Uhr. Spätestens dann mussten ja – ihr ahnt es schon – die Kühe zum zweiten Mal am Tag gemolken werden. In dieser Zeit, wenn dann mal „Urlaub" ausgerufen war, unternahmen wir alle zusammen was. Für uns Kinder war das aufregend, für die Eltern total erschöpfend. Und dennoch haben sie es immer wieder mit uns gemacht.

„Kinnas, zieht euch frische Klamodden an, wir fahrn in Urlaub!"

„Urlaub? Wat is dat denn? Klingt wie megaalte Blätter ..."

„Lustig, Holger. Mach dich feddich – wir fahrn gleich los!"

„Oh, wie schön! Nach Schweden?"

„Nein, nach Soltau, Annemarie."

„Geil, in den Heide Park!"

„Yeah, Heide Park!"

„Oh, nech schon wieder der Heide Park ... Da waren wir doch crst gestern, Vadder."

„Jo, und dat war der beste Tach meines Lebens, Henning. Du fährst heut den zweiten Bus, klar?"

Manchmal, wenn wir Glück hatten und Vadder nach der Ernte noch fit genug und gut gelaunt war, düsten wir zwei Tage hintereinander in den sogenannten Kurzurlaub zum Achterbahnfahren. Anderer Urlaub war wegen Hof und Großfamilie finanziell kaum möglich. Und „Colossos" war mit 53 Metern Höhe damals schon die größte Holzachterbahn der Welt und extrem beeindruckend. Und sie wird es noch lange bleiben, sollte sie nicht eines Tages von den größten Holzwürmern der Welt zerfressen werden. Das allein war schon ein gutes Argument, um uns Kinder zu locken.

Wir verteilten unsere fünf Kisten Sprudel auf die beiden VW-Busse und fuhren in Richtung Bahn. Wir Kleinen saßen bei den Eltern, die Großen bunkerten sich den anderen Bulli. So hatten sie Ruhe und konnten entspannt die ganze Autobahnfahrt über Karten zocken. Der Fahrer (einer der beiden Älteren) war meist der Rundenverlierer, weil er wegen der Fahrerei natürlich nicht voll bei der Sache sein konnte. Am ersten Tag im Heide Park testeten wir nicht nur Achterbahn, Wasserbahn, Geisterbahn und was nicht alles noch für Bahnen durch, sondern aßen auch schön im Restaurant zu Mittag. Beim zweiten Tag war das kaiserliche Essen dann nicht mehr drin, und wir stapelten die mitgebrachten Stullen in unsere Mägen. Zwischendurch in den Pausen beobachteten wir die dortigen Angestellten bei der Gartenarbeit und diskutierten, was wir alles davon besser machen würden. Die hatten so einen kleinen Minibagger am Start, und mein Vater musste immer lange lachen und den Kopf schütteln. Nur, weil der so klein war, der Bagger. Am Ende waren wir Kinder erschöpft, aber glücklich. Und unsere Eltern wie gesagt hauptsächlich erschöpft. Übrigens nützt es nichts, einen Achterbahnplatz mit einem Handtuch zu reservieren, auch wenn Urlaub ist. Diese Technik funktioniert nur bei Strand- und Hotelurlauben.

Wenn es bei uns doch mal in den „echten" Urlaub ging, dann teilten wir uns auf. Mein Vater packte die vier Jüngsten ein, und wir fuhren dann mit dem Wohnmobil los und verbrachten unsere Ferien auf engstem Raum, aber in der Natur. In der Zeit blieb meine Mutter mit den vier übrigen Kindern zu Hause und betreute Tiere und Hof. Und dann kamen wir wieder, und meine Mutter hatte zusätzlich noch ganze Räume renoviert und gestrichen. Sie habe ja vier Kinder weniger zu betreuen gehabt, sagte sie dann. Krasse Frau. Ich hätte das Mutter-Kapitel eigentlich „Wonderwoman“ benennen müssen.

Wenn Mutter mit den anderen unterwegs war, war zu Hause alles total ungewohnt, weil Vater dann ja auch für uns gekocht hat. „Gekocht“. Also Wasser vor allem. Das konnte er richtig gut. Irgendwann kamen aber auch Spiegeleier und Pfannkuchen dazu, nachdem wir ihm verraten hatten, wie braten geht. Beim Einkaufen mit Vater – und das war der Knaller! – durften wir einpacken, was wir wollten. Einmal warf ich das „Kochbuch für Väter, deren Frauen verreist sind“ mit in den Wagen. Das war das Einzige, was Bauer Helmut in all den Jahren nicht als Kaufoption akzeptierte. Als wir Kinder dann größer wurden, konnten wir für bestimmte Zeit den Hof allein schmeißen und meine Eltern ohne uns in den Urlaub fahren. Zum Beispiel in die USA. Bauern verstehen unter einer Urlaubsreise allerdings etwas anderes als normale Menschen. Meine Eltern, so weit von zu Hause weg, hatten nichts Besseres vor, als sich mit Berufskollegen zu treffen und sich einen US-amerikanischen Betrieb nach dem anderen reinzuziehen. Selbst als sie auf die Freiheitsstatue raufkletterten, weil meine Mutter darauf bestanden hatte, einmal etwas Urlaubsmäßiges zu unternehmen, versuchte mein Vater, durch sein mitgeschlepptes Fernglas mitten in New York eine Farm zu erblicken. Um Inspirationen einzuholen, sagte er. Aber ja, so ist das. Unser Beruf ist halt nicht nur unser Beruf, sondern auch unser Leben, Hobby, Selbsterfüllung und Urlaub in einem.

Ich weiß ehrlich nicht, ob es in meinem (oder auch in Martins) Stammbaum eine Generation gegeben hat, die nicht mit Landwirtschaft zu tun hatte. Zumindest müsste ich lange suchen. Mein Opa beispielsweise war Kriegsflüchtling aus

Pommern, und mein Vater fuhr mit uns mal dorthin, um uns die alte Hofstelle zu zeigen. Auch so etwas zählt bei uns Bauern als „Urlaub". Und das war furchtbar interessant, denn man konnte die Verbindung zu dieser Erde irgendwie noch spüren. Eine Anekdote von meinem Großvater und seinem alten Besitz, von der ich nicht genau weiß, wie ich sie einordnen soll, besagt, dass er vor der Flucht einen ganzen Anhänger voll Getreidesaatgut in seiner damaligen Maschinenscheune verbuddelt hatte. Weil er sich sicher war, dass er zurückkehren würde …

Wie gewaltig diese Gedankenbilder schon auf mich allein wirken. Wie krass muss es für ihn und seine Familie damals gewesen sein. Die geflüchtete Familie meines Opas kam in Schleswig-Holstein an und lebte mit anderen neun Flüchtlingsfamilien in dem Bauernhaus, in dem auch ich aufgewachsen bin. Jeder Familie stand ein Zimmer zu, und es müssen sehr harte und schlimme Zeiten gewesen sein. Sie alle hatten so gut wie nichts, und es wurde, wie ich es mitbekommen habe, um alles gestritten und jede kleine Ressource geteilt. Auch die Urgroßeltern von Martin – beides Ärzte – waren Flüchtlinge, sie kamen aus Königsberg, heute Kaliningrad. Auch deswegen ist in Martins Familie heute diese Melancholie, diese Sehnsucht, der unterbewusste Drang, zurückzugehen, noch stärker als bei uns. Grundsätzlich sind die Menschen im Osten eben eine Spur melancholischer als wir (Ex-)Wessis. Aber dazu habe ich ja schon ein bisschen referiert.

Jedenfalls können wir verwöhnten Generationen es uns heute kaum vorstellen, wie es für die Menschen damals (oder Flüchtlinge im Allgemeinen) so war und ist. Und auch deswegen sollten wir mit Traditionen, die aus jener Zeit stammen, besonders behutsam umgehen. Sie gründen meist auf unglaublichen Erfahrungen, die wir, falls überhaupt, nur sehr bedingt nachfühlen können. Anpassen an uns sollten wir sie aber dennoch.

# HEIMAT IST, WO MAN MELKT

„Mama, warum haben wir denn eine Wohnung mit nur sieben Zimmern gebucht?" „Weil sie keine größere hatten, mein Schatz. Papa und ich wollten ja eigentlich siebenunddreißig Zimmer und zwölf Hektar Hof plus kleinem Garten dazu. Aber hier in Bayern war nicht mehr zu bekommen."

„Oah, dann möchte ich lieber wieder nach Hause, zu der verrückten Henne. Hier ist ja eh viel zu wenig Platz."

So würde es sich wahrscheinlich anhören, wenn wir mal länger in den Urlaub fahren würden. Aber zurzeit haben Martin und ich wenig Lust auf so was. Für ein, zwei Nächte, klar – supergerne! Aber dann ist auch bald Schluss. Dann fühlt sich jedes Ferienhaus, und erst recht jedes Hotelzimmer, zu klein für uns an. Und das nicht, weil wir Bauern etwa alle drei Meter groß sind, wegen dem deftigen Essen und der guten Luft und so. Sondern weil wir es gewohnt sind, viel Platz um uns herum zu haben. Das soll jetzt keineswegs überheblich klingen, aber eine solche Gewohnheit bekommt man nach so vielen Jahren nun mal nicht einfach getilgt. Dazu kommt dann noch, dass man alles am besten selbst erledigen will, und jetzt haben wir ja auch noch die neuen Melkroboter da, die, obwohl sie nicht menschlich sind, ordentlich eingearbeitet werden müssen.

Wir haben ja grade die offizielle Hofübergabe vor uns, und da wollten wir auch in der Melktechnik einen ordentlichen Cut machen. Das alles ist toll und aufregend, bedeutet vorerst aber auch eine ganze Menge zusätzlicher Arbeit. Ich sage immer zu Martin: „Ich treffe dich in dreißig Jahren in Lissabon." Und das meine ich auch so. Aber dann nur Martin und ich. Das wird dann unser Urlaub. Unser persönlicher, langer Urlaub.

Für kurze Zeit fahren wir auch heute schon gerne mal weg. Und da denken wir aktuell auch übers Aufteilen nach. Denn die beiden Großen haben trotz des geringen Altersabstands doch eindeutig andere Bedürfnisse und Interessen als die kleineren Kinder. In der Freizeitgestaltung handhaben wir das bereits so: Mal gehen wir nur mit Tilda ins Kino, mal nur mit Hans ins Schwimmbad. Was für ein Luxus eigentlich, dass wir uns das so erlauben können. Und das nur dank unseren Mitarbeitern und Schwiegereltern. Ich kenne genug Büroangestellte und Vertreter anderer Berufe, die sich so etwas niemals erlauben könnten.

Ja, Bauernhof bedeutet enorm viel Arbeit. Aber Bauernhof bedeutet eben, wie schon angerissen, auch eine klare Einteilung. So paradox es klingt, ergibt sich diese Portioniertheit eben durch diese stramme Struktur. Sie erlaubt uns keine Ausfälle nach links und rechts, keine Verzögerungen, keine Fehlstarts, kein Wochenende. Die Tiere schreiben uns genauestens vor, wann was und wie etwas zu erledigen ist. Sie disziplinieren uns und geben uns unseren Zeitplan vor. Und die Felder tun das auch, indem sie uns vorschreiben, wann zu säen, zu pflegen und wann zu ernten ist. Denn – und das ist eine von mir vorher unterschlagene Bauernweisheit: Der Grashalm wächst nicht schneller, wenn du dran ziehst. Alles zu seiner Zeit. Für uns Landwirte fällt also, wenn man es genau betrachtet, ein riesiger Organisationsaspekt weg, der viel Energie und Selbstbeherrschung verschlingen würde. Die Energie, die man in anderen Berufen selbst aufbringen muss, um pünktlich zu sein, nichts auf lange Bänke zu schieben und Ähnliches. Solche Versäumnisse machen uns unsere Tiere unmöglich, und das hat gleich zwei Vorteile: Zum einen können wir diese eingesparte Energie, die wir für die Selbstdisziplin brauchen würden, woanders einsetzen, und zum anderen haben wir zwischen den hochintensiven Arbeitsphasen tatsächliche und konstante Freizeit, in der auch nichts anderes erledigt werden kann. Außer, es kommt etwas dazwischen. Aber das kann in anderen Berufen genauso passieren. Spannend wird es für uns erst, wenn wir mal aus unseren einstudierten Tagesabläufen herausgeholt werden.

## TRAGEN SCHOTTINNEN EIGENTLICH HOSEN?

Eigentlich war ich ja eine ganz schön schluderige Studentin mit allen möglichen Versäumnissen, null Bock, grenzwertigen Noten und allem, was sonst noch so dazugehört. Bis mir eine Frau aus Estland die Augen öffnete. Aber ich hole mal weiter aus und erzähle von Anfang an.

Mein Bruder Claas hatte mir damals geholfen, das richtige Studium für mich auszuwählen. Ich wollte natürlich neben meinen Dachdecker-Träumen lieber Zirkusdirektorin oder Yoga-Lehrerin werden, aber er meinte, ich solle gefälligst nach Kiel an die Christian-Albrechts-Universität (CAU) gehen und Agrarwissenschaften studieren. Vor allem, weil es dort so tolle Partnerunis gebe, die überall auf der Welt verteilt wären. Auf das Argument achtete ich damals nicht so richtig und nahm mir vor, das Studium so schnell wie möglich durchzuziehen. Ich wollte in meiner Naivität sogar am liebsten um ein Semester verkürzen, damit ich schön flott fertig wäre und dann weiterschauen könnte, was sich mit dem Abschluss alles so anfangen ließe. Theoretisch wäre da ja auch so einiges möglich gewesen. Landwirtschaft zu betreiben ist nur eines, und vermutlich eines der selteneren Segmente, die man nach einem solchen Studium ausüben kann. Man könnte in die Wissenschaft gehen, in die Lehre oder auch in irgendeine Redaktion. Viele Wege standen mir damit offen. Doch bereits nach der ersten Prüfungsphase war ich auf den unbeackerten Boden der Tatsachen aufgeschlagen und im dritten Semester schon mit sechs Klausuren im Rückstand. Alles fühlte sich plötzlich so aussichtslos und deprimierend an. Ich zweifelte an dieser ganzen Uni-Geschichte, verfluchte alle Dozenten, Studenten und Mensa-Mitarbeiter und sehnte mich nach einer Kuh. Nicht, weil ich Hunger hatte, sondern um ein bisschen zu melken. Ich brauchte diesen Ausgleich, diesen Rückzug gerade ganz dolle, um rational nachdenken zu können. Und ich begann auch schon, in Zeitungen nach Inseraten zu blättern, in der Hoffnung, offene Stellen für Zirkusdirektorinnen zu erblicken. Bis ich mich plötzlich an Claas' Auslandsuni-Geschichten erinnerte. Ja, das war doch die Lösung! In einer Kurzschlusshandlung hechtete ich ins „International Centre" der Uni, mitten im Juni. Der Anmeldeschluss für das kommende Auslandssemester war schon im Februar gewesen, aber das wusste ich damals ja nicht. Und hätte ich das gewusst, wäre ich vermutlich nicht hingegangen. Die Ladys dort waren begeistert, dass ich ausgerechnet nach Schottland wollte. Vermutlich, weil sie mich so super fanden. Oder weil sie in diesem Jahr nicht eine einzige Bewerbung für

Schottland bekommen hatten. Egal, was es war – sie schickten mich mit Antragsformularen und einer sicheren Zusage nach Hause. Ich war total baff, denn ich hatte gehört, dass man für so etwas lange Vorlaufzeiten benötigte, alles Mögliche geprüft werden musste (ich konnte ja zum Beispiel kein einziges Wort Schottländisch) und man einen besseren Notenschnitt als 37,5 brauchte. Aber nein, ich sollte die ausgefüllten Dokumente bis kommenden Dienstag reinbringen und schon mal Koffer packen, sagten sie. Denn im August würde es bereits losgehen.

Sobald sich der erste Schock gelegt hatte, überwältigte mich die euphorische Vorfreude, und ich sprach eine Woche lang von nichts anderem mehr als von Aberdeen. Ich füllte sämtliche Dokumente korrekt und sorgfältigst aus (nie zuvor habe ich am Schreibtisch so gut gearbeitet) und legte eine Woche später den Damen vom internationalen Büro alles lückenlos vor. Acht Wochen später sollte ich starten. Mein damaliger Chef – der Bauer Heinz – war Ausfälle und Überraschungen von mir gewohnt und segnete meine plötzliche Flucht ins Ausland ab. Und was mich in Schottland erwartete, war – auch wenn es hochgestochen klingt – lebensverändernd.

In Schottland war im Prinzip alles wie bei uns. Außer, dass die Männer dort nicht gerne öffentlich Kopfstand machten. Weil sie ja Röcke tragen. Aber noch eine gewaltige Sache war anders: Ich war zum ersten Mal eine richtige Studentin. Ich musste nicht eine Stunde lang mit dem Auto zur Uni eiern, um dann spätestens um 14 Uhr wieder nach Hause zu fahren, um zu melken. Ich konnte erstmals tatsächlich an allen Vorlesungen teilnehmen, an denen ich teilnehmen wollte. Das nutzte ich voll und gerne aus. Und das, obwohl die Uni in Schottland ganz schön hart war. Man durfte pro Seminar und Semester nur zwei Mal unentschuldigt fehlen, ansonsten wurde man nicht zu Prüfungen zugelassen. Im Nachhinein habe ich mir zwar sagen lassen, das wäre so wie das Germanistik-Studium hier in Deutschland. Dort herrschen wohl gleiche Bedingungen. Das interessiert mich aber nicht die Bohne, daher lasse ich den Satz davor so stehen. Die Uni in Schottland war superhart, und ich habe alles mitgemacht. So.

Und es passierte noch eine andere spannende Sache. Ich wurde süchtig. Süchtig nach diesem Gefühl, einfach mal eine ganz normale Studentin zu sein. Und dann auch noch – aus meiner damaligen Sicht – eine ordentliche. Ich habe dort viele tolle Menschen kennengelernt, unter anderem meine Herzensfreundin – wir sehen uns heute noch regelmäßig. Es ist diese eine Freundin, mit der ich die Diskussion hatte, dass sie ihre Kinder nicht auf dem Land großziehen wolle. Ihr erinnert euch – weil es auf dem Land keine Freiheit gibt. Haha. Ich liebe diese Frau. Jedenfalls waren wir in Aberdeen schon jeden Abend zusammen unterwegs, haben im Wohnheim Lidl-Wein aus Tetrapacks degustiert (weil Schottland so teuer ist) und mit den anderen wunderschönen Menschen dort internationale Kochaktionen veranstaltet, wo es dann Getränke und Speisen aus dem jeweiligen Land gab. Was für mich zusätzlich so unglaublich befreiend wirkte, war, dass ich dort die einzige Bäuerin war. Ich studierte zwar die Fächer der Zoologie, war aber erstmals in einer Umgebung, wo nicht permanent über Trecker, Ackerbau und Tierhaltung gesprochen wurde. Die Vorlesungen tangierten zwar auch meine persönlichen Themen, aber ich konnte erstmals mit lebenden Menschen über Landwirtschaft sprechen, ohne mich in ausufernde Diskussionen und fachspezifische Streitereien begeben zu müssen. Was für eine Erleichterung, sage ich euch. Bei aller Liebe zu meinem Beruf. Ich konnte einfach begeistern und von der Landwirtschaft überzeugen, indem ich locker-leicht von meinem Leben als Bauerstochter erzählte, ohne Anbautechniken, Futtermittel und Whisky-Sorten zu analysieren. Halt – das mit den Whisky-Sorten war gerade gelogen. Das haben wir dort wild und ausgiebig gemacht. Natürlich nur zu wissenschaftlichen Zwecken. Und jetzt bin ich Expertin auch auf diesem Gebiet. Schottland. Schön war das.

## MELKEN IN DER GROSSSTADT

Und ich wurde ja süchtig. Gerade von der Insel wieder zu Hause angekommen, rannte ich ins „International Centre", um meine nächste Bewerbung einzureichen. Diesmal sollte es nach Prag gehen. Ich wusste, ich musste dafür mindestens sechs Monate arbeiten, um mir das leisten zu können, also ging ich zu meinem damaligen Chef. Bauer Heinz freute sich glücklicherweise, mich zu sehen, und stellte mich gleich wieder ein. Wohl wissend, dass ich mich ein halbes Jahr später wieder verdünnisieren würde.

Als ich dann in Prag war, lebte ich diesmal nicht im Studentenwohnheim. Ich wollte etwas anderes ausprobieren – ich zog in eine süße kleine Wohnung, mitten in der Stadt. Ich wohnte somit über fünf Monate nur zehn Minuten Fußweg von der Karlsbrücke entfernt und fühlte mich wie eine Großstadt-Lady. Und es gab in Prag Tage, da war ich zum Frühstück, zu Mittag, zum Nachmittagskaffee und zum Abendbrot – äh, ich meine natürlich, zum Dinner – sowie dem anschließenden verdienten

Feierabendbier (durch so 'ne Großstadt tingeln ist ja ganz schön anstrengend) in irgendwelchen anderen Stadtteilen unterwegs. Die Straßenbahn von Prag mit ihren dunkelroten Ledersitzen, die in der Sonne heiß wurden und häufig, nur so ganz leicht, nach Staub rochen, war aber auch zu großartig, um sie nicht ausgiebig zu nutzen. Das Stadtleben dort habe ich, obwohl es kaum Kühe auf den Straßen gab, total genossen (oder vielleicht für kurze Zeit ja gerade deswegen ...).

Doch – und das liegt sicherlich mehr an meinem tollen Charakter als an der wunderschönen tschechischen Hauptstadt – war ich am Ende zunehmend gelangweilt. Und ich freute mich auf zu Hause, ich freute mich auf die Kühe. Und auf das Melken. Was ich sofort am Tag nach meiner Heimreise auch tat.

### Warum ich aus schlechtem Gewissen strickte

Nach der erleichternden Melk-Session lief ich schon wieder ins „International Centre", um diesmal ein Auslandssemester in Tartu, Südestland, zu buchen. Das Heimstudium stand hinten an. Die Stempelkarte (die zehnte Fahrt wäre umsonst), die mir die mittlerweile etwas verhalten dreinschauenden Damen dort anboten, lehnte ich ab und machte mich Monate später auf die Reise. Diesmal wohnte ich weder im klassischen Studentenwohnheim, wo jeder sein eigenes Zimmer hatte, noch in der Stadt, sondern teilte mir eines mit Hannah. Hannah ist Estin, Pastoren-Tochter und studierte zu jener Zeit dort Medizin. Und ohne Hannah – und das ist nicht übertrieben – hätte ich meine Bachelorarbeit über das estnische Rotvieh, die ich damals dort schrieb, niemals geschafft. Hannah war eine unglaublich ehrgeizige junge Frau und hat immer, sobald sie von der Uni nach Hause kam, gleich gelernt. Und weil unsere Schreibtische direkt nebeneinanderstanden und ich ständig ein schlechtes Gewissen bekam, wenn ich mich nicht sofort wie sie in die Bücher stürzte, legte ich dann meinen Kram beiseite und machte mich parallel zu ihr an die Arbeit. Allein der Einblick in das Leben einer gewissenhaften Studentin motivierte mich dermaßen, es ihr gleichzutun, dass wir ganze Nachmittage zusammen am Schreibtisch verbrachten. Nebeneinander und ohne auch nur ein Wort zu wechseln, arbeiteten wir uns in den Erfolg. Allein ihre Anwesenheit beruhigte mich und half mir, mich zu konzentrieren. Ihre Disziplin war dermaßen ansteckend, dass ich meine Bachelorarbeit fünf Wochen vor dem Abgabetermin einreichte. So etwas war mir im ganzen Leben noch nie passiert. Außer bei diesem Buch hier natürlich. Gut, es waren nicht fünf Wochen, aber immerhin hat meine Lektorin das Manuskript zwölf Minuten vor 00:00 Uhr, also vor dem Tag der Abgabefrist, bekommen. Dat is für mich schon ein Grund zum Feiern und nach Estland meine bisherige Bestleistung!

Nachdem ich meine Bachelorarbeit nun vorzeitig abgegeben hatte, fühlte ich eine unfassbare Leere in mir und zudem auch noch Gewissensbisse, weil Hannah jetzt allein am Schreibtisch saß. Ich hatte sie im Stich gelassen. Die Hannah, der ich überhaupt meinen Eifer und meine vorzeitige Freizeit zu verdanken hatte. Ich musste mir etwas einfallen lassen und kam nach langem Hin-und-her-Überlegen auf die Idee, einfach draufloszustricken. Ich strickte Mützen, Pullover und Socken für all meine Erasmus-Freunde, nur um Hannah nicht allein da sitzen zu lassen. Sie hatte mich doch so unterstützt. Von Woche zu Woche probierte ich immer schwierigere Strickmuster aus und meisterte dank Youtube-Tutorials sogar Aran-Muster und das berüchtigte „Fair Isle Stricken“. Auch musste ich kurz daran denken, ob meine Mutter und die übrigen Landfrauen damals noch größere Kränze gebunden hätten, wenn sie YouTube gehabt hätten. Doch irgendwann ging auch die Estland-Zeit zu Ende, und Hannah und ich weinten, als wir uns voneinander verabschiedeten. In den sozialen Medien habe ich später gesehen, dass sie ihr Medizinstudium mit summa cum laude abgeschlossen hat. Alles darunter hätte mich schwer gewundert. Aber auch ich hatte meinen Bachelor in der Tasche. Und das nur, weil ich „cum Hannah" war.

# IST DAS, WAS ICH MACHE, ÜBERHAUPT ALLES RICHTIG?

Mein Studium war alles andere als ein Selbstläufer … Ich wusste auch vorher lange nicht, wohin mit mir. Was sollte ich nach dem Abitur überhaupt machen? Bäuerin werden? Keine Chance. Den Betrieb würde ja einer meiner Brüder bekommen. Und war ich da überhaupt so heiß drauf? Auf diese superanstrengende Hofarbeit? Diese permanente Melkerei, bevor der Tag überhaupt begonnen hatte, dieser Stallgeruch, dieser Matsch, diese durchgetakteten Arbeitszeiten, diese beschnittenen Nachmittage, diese kaum vorhandenen Ferien, diese stinkenden Klamotten, diese stinkenden Kühe … Ich wusste es nicht. Daher stürzte ich mich direkt nach dem Abitur spontan in eine kleine Weltreise und arbeitete danach eine Zeit lang als Animateurin in Klubs und Hotels. War dadurch wiederum auf Reisen, örtlich und pflichttechnisch ungebunden und hatte auch ein bisschen Geld in der Tasche, das ich für Dinge ausgeben konnte, auf die ich so Bock hatte. Irgendwann musste es aber irgendwie mit mir weitergehen, das wusste ich schon. Ich musste mich weiterentwickeln. Das redete ich mir immer wieder ein. Und auch meine Brüder bedeuteten mir mit ihren

Zaunpfählen (davon haben wir auf dem Land ja genug), dass ich langsam mal reinhauen sollte. Und ich haute rein. Zumindest nahm ich es mir anfangs fest vor. Das Studium der Agrarwissenschaften, das ich ja immer wieder durch Auslandsaufenthalte unterbrochen habe, ging ich gar nicht mit der Absicht an, eines Tages auf dieser Grundlage als Bäuerin zu arbeiten. Zudem war ich damals ja mit diesem Typen liiert, der Bäuerinnen nur aus Büchern wie diesem hier kannte. Falls überhaupt. Außerdem schockte es mich im Studium ein bisschen, dass das, was ich da lernte, irgendwie gar nichts mit praktischer Landwirtschaft zu tun hatte. Ich lernte Chemie, ich lernte Physik, und ich lernte BWL. Da hätte ja nur noch Töpfern und Kunstturnen gefehlt, um das Agrar-Bouquet komplett zu machen, dachte ich damals genervt. Wozu brauchte ich all den Kram überhaupt, wenn ich einfach nur melken wollte? Oh, stopp, erwischte ich mich da etwa bei dem Gedanken, dass ich heimlich eine Möglichkeit suchte, irgendwie doch noch auf einem Bauernhof zu stranden?

Ich wusste es nicht, zumindest waren die Chancen dafür zu der Zeit ja verschwindend gering. Und daher dachte ich aktiv auch nicht daran. Jedenfalls machte mir das Studium wegen alledem zu Beginn wenig Spaß. Ich mochte die Leute, aber alles andere schien so aussichtslos, so ziellos. Und dazu war unser Fachbereich ja auch noch so entspannt, dass wir uns im Studium alles selbst einteilen konnten. So etwas wie Anwesenheitspflicht gab es damals auch nur in Schottland. Ich sollte meinen Studienplan selbst machen, immer pünktlich erscheinen und mich ansonsten disziplinieren. Wie sollte ich das denn bitte anstellen? Bisher hatten doch die Kühe meinen Stundenplan für mich geschrieben!

Meine Kommilitonen waren teilweise so weit weg von der praktischen Landwirtschaft, dass ich mich während der Vorlesungen manchmal kneifen musste, um zu begreifen, dass ich mich gerade wirklich unter ihnen befand. Ich konnte mich mit alledem irgendwie überhaupt nicht identifizieren. Nebenher begann ich dann irgendwann zu melken. Das konnte ich. Das kannte ich. Das machte mir Spaß. Studieren war in meinem Verständnis damals etwas, was ich machen musste, damit ich später besser bezahlt werden würde. Ein anderes Ziel, wenn man so etwas überhaupt „Ziel" nennen konnte, verknüpfte ich damit nicht. Ich hatte keinen Plan.

Mein damaliger Freund war meine erste Beziehung. Und nachdem ich diese beendet hatte, ist mir erst so einiges aufgegangen. Mir wurde klar, dass ich mir in dieser Zeit Unmengen eingeredet hatte und einfach zu viele Kompromisse eingegangen war. Ich hatte mir gesagt, dass ich das Leben auf dem Land überhaupt nie missen würde und dass ich auch nur mit einem Kind – oder vielleicht sogar ohne – irgendwo in der Stadt glücklich werden würde. Dass ich meine Nachbarn nicht kennen müsste und auf ein enges Verhältnis zu solchen getrost verzichten könnte. Und dass ich mit einem Mann zusammenleben wollte, der mit lebenden Tieren nichts anzufangen wusste. Ja, in all der Zeit glaubte ich, ich würde auch mit einem Job in irgendeinem Büro glücklich werden. Zwischen Maike, Lena und Uschi. Wir wären ein junges, lustiges Team und würden den Laden dort täglich mit Excel-Tabellen und Humor aufmischen. Uschi wäre dann mit siebenundvierzig die älteste von uns und würde immer nur mit dem Kopf schütteln, wenn wir wieder anzügliche Witze über Markus, den neuen Werkstudenten von der Rechnungsabteilung, machten. Und

Tiere? Ach, die konnte ich doch im Tierpark besuchen! Oder im Fernsehen sehen. Wer brauchte bitte schön ständig Tiere um sich herum?

Das alles redete ich mir ein. Tag für Tag. Jahr für Jahr. Aber ich – ich! – brauchte Tiere um mich herum. Denn am glücklichsten in jener Zeit war ich nicht etwa im Hörsaal, nicht in der Mensa und auch nicht irgendwo im Ausland. Am glücklichsten war ich auf dem Hof und im Stall von Bauer Heinz. Dem alten Starschubser.

Aber nicht, dass ihr denkt, mein Ex-Freund hätte mir all diese Stadtleben-Flausen in den Kopf gesetzt. Nein, er schrieb mir nichts vor oder dergleichen. Vielmehr war ich es selbst, die es mir vormachte, dass ich auf diese Art glücklich sein könnte. In der Stadt. In einer Wohnung. Jeden Tag S-Bahn fahrend und in hippen Bars Craftbier trinkend. Ich lernte das Stadtleben ja auch in Prag und bei anderen Gelegenheiten kennen. Ich liebte die fancy Frisuren, die neuen Klamottentrends und auch die besten Pho-Hotspots der Stadt. Als junger Mensch, vom Land kommend, sog ich all diese Dinge quasi auf, ich wollte das alles durchlebt haben. Aber erfüllt hat es mich nicht. Heute weiß ich zudem gesichert, dass ich eher ein unruhiger Mensch bin. Ein Mensch, der ständig herumwühlen will. Und in der Stadt kannst du immer wühlen, sie gibt das her. Nein, sie verlangt es sogar von dir. Du kannst jede Party mitnehmen, du kannst jeden Tag woanders sein. Jeden Tag wer anders sein. Und dann stehe ich wieder im Stall, anstatt gerade mit den anderen über die Viskosität des New York Cheesecakes in der angesagten neuen Bar zu fachsimpeln. Und schaue den Kühen beim Kauen zu. Und merke, dass ich mich gerade so richtig erde. Und frage mich, wie ich überhaupt jemals auf die Idee kommen konnte, etwas anderes haben zu wollen und das alles hier zu hinterfragen. Bei keiner anderen Arbeit fühle ich mich so angekommen wie bei der mit Kühen. Diese warmen, schweren Körper, die sich nur ganz langsam hin und her bewegen, gemach wiederkäuen und mich mit ihren riesigen Augen anstarren. Immer wieder denke ich, jetzt, jetzt … jetzt gleich blinzelt sie mir zu. Die Kuh. Und das Geräusch davon stelle ich mir dann superlaut vor, wie wenn zwei Gummieimer zusammenklappen. Aber bisher ist es noch nicht passiert. Wer weiß, vielleicht machen die Kühe das eines Tages ja doch. Vielleicht brauchen sie noch ein wenig Zeit. Und dann höre ich das Geräusch der Vakuumpumpe und stimme in meinem Kopf ein Lied dazu an. Der Rhythmus passt auf so viele meiner Lieblingsstücke, da wäre dann für jede Jahres-, Tageszeit und auch für jede Stimmung etwas dabei. Das ist das, was ich will. Und manchmal rieche ich nach dem Duschen noch an meiner Hand, mit der ich die meiste Arbeit an und mit Kühen verrichte. Und sie riecht dann immer noch, ähnlich wie die Klamotten, wisst ihr ja, fast genauso intensiv wie zuvor. Auch diesen Geruch bekommt man nie weggeduscht. Auch dieser Geruch gehört jetzt zu mir.

Als Jugendliche habe ich das alles gehasst. Ich weiß es noch wie gestern. Wenn wir zum Bus liefen, mussten wir immer am Stall vorbei. Und wenn der Wind günstig stand, bekamen wir den Kuh-, Silo- und Scheiße-Geruch zu unserem gerade erst mühsam erduschten Shampoo-Geruch gratis dazu. Wir selbst rochen das natürlich nicht. Aber die anderen schon. Vor allem diejenigen, die einem gerne alles offen mitteilten. Nur wenn wir mal bei jemandem zu Besuch waren und uns an deren Wohnungsgeruch gewöhnten, merkte ich, wie krass stark ich eigentlich nach Bauernhof duftete. Meine Klamotten, meine Haare und meine mitgebrachte (frisch gewaschene!) Bettwäsche roch immer, als hätte eine besonders schluderige Kuh, die nur wenig Wert auf den Besitz anderer legte, darin geschlafen. Oder wie eine, die sich heimlich meine Klamotten ausgeliehen und mir dabei versehentlich auf den Kopf gekackt hatte. Aber ja, es ist, wie es ist. Wir wohnten auch damals schon nur fünf Meter vom Kuhstall entfernt. Es wäre seltsam gewesen, wenn wir nach Chrysanthemen, Drogerie oder Altstadt gerochen hätten.

## SCHWIEGERTOCHTER MUSS MAN KÖNNEN

Die nächsten Selbstzweifel erwischten mich kurz nach der Ankunft auf dem neuen Hof, und das dann mit Schwung. Ich bin Martin und seinen Eltern unendlich dankbar für die Möglichkeit, einen solchen Betrieb mitführen zu dürfen. Die ganzen Jahre zuvor blieb es mir schlicht verwehrt, auch nur daran zu denken. Und ja, trotz meiner Liebe zu Kühen habe ich damit auch nicht mehr gerechnet, wenn ich ehrlich bin.

Frisch in der wunderschönen Uckermark und auch noch mit zwei kleinen Kindern im Gepäck, war ich plötzlich nicht nur mehr Ehefrau und Mutter, sondern auch noch Schwiegertochter. Hoa! Allein beim Lesen dieses Begriffs haben sich bestimmt so einige Nackenhaare bei euch aufgestellt, oder? Diesen Themen werden ja nicht umsonst ganze Bücher gewidmet. Dazu der Clash der Generationen, der auch nicht zu unterschätzen ist – auch ich habe schon einige Zeilen dazu geschrieben. Dieses Problem hat irgendwie immer mit Dominanz zu tun. Mein Vater zum Beispiel – das hat mir meine Mutter erzählt – versprüht sein bestimmendes Wesen in alle erdenklichen Richtungen auf dieser Welt. Er hatte nicht nur bei meinem Bruder Knud enorme Schwierigkeiten, das Ruder aus der Hand geben zu müssen, sondern tat dies auch schon, so paradox sich das anhören mag, bei seinem eigenen Vater. Opa Alfred soll eine solche Gutmütigkeit ausgestrahlt haben, dass sein Sohn – Bauer Helmut – bereits mit fünfzehn Jahren auf dem Hof alles bestimmen wollte. Und mein Opa ließ es geschehen. Nun habe ich dummerweise genetisch und abguck-technisch nicht nur Helmuts Humor abbekommen (zumindest behauptet mein Vater das immer), sondern auch die „dunkle Seite der Macht": seinen Biss, seinen Ehrgeiz und auch seine Sturheit. Gebündelt sage ich am liebsten dazu „Dominanz". Denn das klingt nicht ganz so negativ. Und jetzt dürft ihr natürlich raten, wessen Schwiegermutter auch von diesem Schlag ist. Besonders verwunderlich ist das Ganze natürlich nicht, da die allermeisten Altbäuerinnen, die ich kenne, starke Frauen sind. Das mussten sie auch sein. Aber dennoch gab es dadurch nicht nur den handelsüblichen Generationskonflikt, sondern auch noch den liebevollen Kampf um die weibliche Vorherrschaft im Betrieb. Denn, und das ist historisch belegt: An einen einzigen Herd passt nur eine einzige Frau (buh – sexistischer Spruch! Doch hatte er bei seiner Entstehung sehr wohl Gültigkeit). Schwiegereltern sind auch Eltern, und wenn deren Kind eine eigene Familie gründet und erwachsen sein will, haben sie es einfach nicht leicht. Vor allem, wenn es sich um das erste Kind der Familie handelt, das im Begriff ist, flügge zu werden. Meine Eltern waren hierbei natürlich im Vorteil, denn ich war ja das letzte ihrer Kinder, das in der freien, offenen Welt zurechtkommen wollte. Beim achten Kind ist man einfach entspannt, da weiß man, dass es auch allein klarkommen wird, egal was passiert. Ich kenne zum Beispiel einen Vater, der beim ersten Baby bei jedem Quatsch gleich den Notruf wählte und beim dritten schon so gelassen war, den erkälteten Dreijährigen selbst seine Arztanrufe erledigen zu lassen.

Martin war aber der erste Spross von Viola und Hans-Jürgen, der eine Familie gegründet hatte. Der erste, bei dem man lernen musste, loszulassen. Und so war es wenig verwunderlich, dass seine Eltern einige Zeit brauchten, um sich mit diesem Gedanken zu arrangieren. Am liebsten hätten sie ihn im ersten Hof-Jahr einfach nur wie einen gut behüteten Praktikanten „mitlaufen“ lassen, damit er sich zunächst an alles gewöhnte und sich vorsichtig und allmählich in die Betriebsstrukturen hineinlegen konnte. Dabei hatte dieser „kleine Sohn“ vorher schon eine Ausbildung absolviert, ein Bachelorstudium abgeschlossen, eine ~~fordernde~~ Frau geheiratet, zwei Kinder bekommen (das dritte war im Anmarsch) und für sie alle gesorgt. Er hatte bereits mehr als bewiesen, dass er jeder Aufgabe gewachsen war. Doch reicht ein solcher Beweis den sich sorgenden Eltern nicht aus.

„Annemarie, brauchst du Hilfe?“

„Womit, mit den Kindern?“

„Ja.“

„Nein, danke, Viola. Ich schaff das schon.“

„Ich weiß, du bist auch Mutter …“

„Ja, genau – ich bin selber Mutter und …“

„Unstrittig. Aber vielleicht kann ich dir ja was abnehmen?“

„Was? Wieso?! Wir haben doch gerade geklärt, dass ich selbst Mutter bin!“

„Ja, vielleicht was mit dem Hof. Soll ich mal für dich melken? Du wirkst so mü…“

Den Rest des Dialogs hörte ich meist gar nicht mehr, weil ich gerade mit Kind unterm Arm, Augenringen und zerzaustem Haar in den Stall flüchtete. Um zu melken. Dabei meinte Viola das natürlich immer nur gut.

Und trotzdem – oder vielleicht auch deshalb – hatte mein dominantes Wesen Probleme, mit der Situation klarzukommen. Denn es traf ja auch auf die Phase, in der ich extrem unsicher und noch dabei war, meine Rolle auf dem neuen Hof (im neuen Bundesland! zu suchen. Genau in dieser Zeit half mir die Produktion meiner lustigen Clips auf den sozialen Medien enorm. Sie war mein Anker, mein Tagessinn, mein kreatives Ventil, meine Aufgabe. Aber dazu später mehr.

Mit meinen Schwiegereltern hatten wir übrigens auf betrieblicher Ebene nie irgendwelche Meinungsverschiedenheiten, die von Belang waren. Die beiden sind extrem progressiv und verstehen es richtig gut, die Zeichen der Zeit korrekt zu deuten und mit dem Fortschritt gleichauf zu sein. Das ist eine enorme Bereicherung. Für den Betrieb, für sie selbst und natürlich auch für uns. Und auch die Vertrauensdifferenzen konnten wir nach und nach beilegen, und das war bitter notwendig. Denn dieses Jahr – wenige Wochen, nachdem ich diese Zeilen hier schreibe – werden wir ihren Hof übernehmen. Und dann bin ich die Alphakuh in der Herde – har, har, har! Spaß. Vermutlich werden wir Martins Eltern darum bitten müssen, noch eine Weile bei uns „mitzulaufen“, weil wir dann diejenigen sein werden, die nicht loslassen können, und uns ihre Mitarbeit fehlen wird. Und was erst passieren wird, wenn einer meiner Söhne eines Tages eine Anni, eine Thea oder eine Luise anschleppt, die mit ihm den Hof führen soll, will ich gar nicht erst wissen …

## WIR BAUERN SIND KEINE SCHACHFIGUREN

Fast jeden Abend reden mein Mann und ich über die Zukunft der Landwirtschaft. Zum einen, weil ständig neue Elemente in unserem Betrieb hinzukommen, und zum anderen, weil wir die gesellschaftlichen Entwicklungen akribisch verfolgen und natürlich alle hitzigen Diskussionen dazu mitbekommen. Unweigerlich ist man permanent mit Gedanken umgeben, die einen nicht nur belasten, sondern regelrecht auch zermürben können. Will die deutsche Politik überhaupt noch Tierhaltung haben? Die deutsche Gesellschaft Tierhaltung noch tolerieren? Seit ich Agrarinfluencerin bin, bekomme ich die Kritik noch rigoroser entgegengeschmettert, aber diese gab es auch vorher schon. Seit Jahren werde ich angegangen, verurteilt und als Tierquälerin beschimpft. Und das verletzt mich unheimlich, auch wenn ich gelernt habe, diesen Anschein öffentlich zu verbergen. Es zerreißt mir das Herz. Doch kann ich die Menschen, die so etwas sagen, irgendwo sogar verstehen. Auch ich kenne die unsäglichen Bilder der Massentierhaltung, diese gequälten Tiere und deren verantwortungslose Besitzer. Diese Bilder bleiben für immer im Kopf und ziehen uns, die übrigen Viehhalter, unweigerlich mit in den Sumpf. Dabei ist häufig die schlechte Kommunikation der tatsächlichen Lage in Deutschland das Hauptproblem. Wie viele Unterhaltungen habe ich schon führen müssen, um festzustellen, dass die Menschen bloß miserabel informiert waren. Immer wieder muss ich aufklären, dass ein Bullenkalb nicht sofort nach der Geburt geschlachtet wird oder dass auch viele konventionelle Betriebe ihre Rinder auf die Weide schicken. Der absolute Großteil der Menschen hat einfach keinerlei Berührungspunkte mehr mit Nutztieren.

Haustiere – ja, die kennen sie gut. Und aus der Erfahrung mit solchen wird häufig bei Rind, Schwein und Huhn argumentiert. Und einiges daher schlicht nicht verstanden. Das ist keine Anschuldigung meinerseits, nein. Ich denke nur, wenn man schon in eine substanzielle Diskussion reingeht, bei der man sich so weit herauslehnt, jemanden anzuklagen und anzugreifen, dann sollte man sich vorher über das Thema möglichst ausreichend informieren. Das betrifft natürlich nicht nur unsere Viehzucht, das machen die Menschen auch in anderen Bereichen ganz ähnlich, aber erschreckenderweise nimmt die Gewohnheit zu, gesellschaftlich relevante Themen auf diese Art zu behandeln. Da ist in den letzten Jahrzehnten ein klarer, leicht dekadent anmutender Wandel erkennbar.

Dabei geben wir uns schon größte Mühe, es für den Endverbraucher möglichst transparent, möglichst nahbar zu machen. Ich kann sehr gut verstehen, dass einen diese Gigafarmen einschüchtern können. Und ich selbst bin ebenfalls kein Fan davon. Meistens ist es ja auch so, dass die Chefs dieser Riesen selbst noch nie eine Zitze in der Hand gehabt haben. Von welcher Nahbarkeit und welchem Charakter kann man da reden? Die bäuerliche Landwirtschaft wird zugunsten dieser Betriebe zusehends weniger. Dabei sind Familienlandwirte eine solche Bereicherung für jede Gemeinschaft. Ja, vielleicht nicht unbedingt sonntags, wenn der Bauer gerade wieder Gülle fährt. Aber zu allen anderen Zeiten. Sie – diese Bauern – haben vormittags Zeit für den Schnack mit dem Nachbarn, eine meist über Generationen hinweg tiefe Verwurzelung im Dorf, und die Leute wissen, woher ihr Essen kommt und wer alles namentlich daran beteiligt war. So ein persönlicher Hof ist optimal, auch für die übrigen Kinder im Dorf. Bei uns sind täglich andere Kinder anwesend und schauen den Kühen beim Verdauen zu. Oder auch für Urlauber, die Jahr für Jahr – vor allem wegen ihrer Kinder – auf einem Bauernhof Urlaub machen, das selbst produzierte Essen genießen und das Gespräch mit der Altbäuerin am Abend nach einem anstrengenden Tag am See nicht mehr missen wollen. Und natürlich ist da auch ausreichend Platz für Fragen, Kritik und Anregungen. Über alles kann man mit uns Bauern reden. Und persönlich ist das doch viel schöner, als anonym in Tasten zu hetzen. Und auch viel ergiebiger, wenn man tatsächlich auf eine konstruktive Lösung aus ist. Wenn man natürlich nur beleidigen will, dann empfehle ich klar die Tastatur-Variante.

### Ohne uns geht's nicht

Die Relevanz der Bauern für die Gesellschaft ist, wenn man es objektiv sieht, schlicht unabdingbar. Der technische Fortschritt schreitet natürlich auch in der Landwirtschaft mit Riesenschritten voran. Das hat zum Beispiel zur Folge, dass die Ernten jetzt eigentlich immer gelingen. Dies war nicht immer so. Klar kann ausnahmsweise auch mal durch Extremdürre oder Überschwemmung etwas dazwischenkommen, was Auswirkungen hat, aber im Wesentlichen sitzt die Ernte einfach bei allen. Und das Jahr für Jahr. Somit ist die Ernährung des absoluten Großteils der Bevölkerung immer sichergestellt. Wenn früher die Ernten – und das passierte regelmäßig – ausfielen, hatte das ernste und weitreichende Folgen für die ganze Bevölkerung. Wir heute in Deutschland leben in einer Zeit, in der wir eine Lebensmittelknappheit gar nicht mehr kennen. Klopapierknappheit – ja. Und das auch nur wegen seltsamer Gruppendynamiken. Aber Lebensmittelknappheit ist uns seit vielen Jahrzehnten schlicht fremd. Hin und wieder hören wir im Radio, die Wein- und die Obsternte im Allgemeinen würden dieses Jahr kleiner ausfallen als sonst. Aber wir hören das und zucken dann mit den Schultern. Und gehen weiter fröhlich unserem Konsumverhalten nach. Denn wir werden trotzdem Wein und Äpfel im Supermarkt finden. Wir rümpfen dann die Nase darüber, dass die Äpfel ein wenig teurer sind als im letzten Jahr, aber hey – dafür können wir dann Erdbeeren, frische Tomaten und anderes Obst zu jeder Jahreszeit kaufen, obwohl wir es unterbewusst natürlich wissen, dass in Deutschland nicht zwölf Monate lang Sommer herrscht. Egal, zu welcher Jahreszeit wir in den Supermarkt gehen – die Regale sind voll. Können wir uns überhaupt noch vorstellen, saisonal zu leben? Saisonal einzukaufen? Ich glaube, nicht. Und das, so banane das auch zunächst klingen mag, ist ein Riesenerfolg. Ich als Bäuerin bin stolz darauf. Wir haben es geschafft, die Bevölkerung rund ums Jahr so zu versorgen, dass nicht nur keine Engpässe entstehen, sondern auch immer mehr Produkte zu einer bisher ungewohnten Zeit in die Regale rutschen. Omas Geschichten über diesen einen Eintopf, den die ganze Familie auf eine Woche gestreckt haben musste, gehören endlich der Vergangenheit an. Auch die Notwendigkeit, vom Rind alles zu essen, besteht schlicht nicht mehr. Hm, lecker Schwanz, Pansen, Herz und die Zunge – na, wer weiß das noch? Das alles läuft heute maximal nur noch unter „Delikatesse“ oder Frühstück für britische Urlauber. Sollen die „Freaks“ sich doch damit begnügen! Für uns normale Bürger ist Steak und Filet da, vom Schwein der Braten oder das Schnitzel und vom Huhn pochierte Eier, die Fitnessbrust oder maximal noch die Chicken Wings. Wir suchen uns, weil es eben von allem ausreichend gibt, nur noch Sahnestücke heraus, bevor wir uns in die „Mörder“-Diskussion mit dem Bauern stürzen. Und haben wir doch lieber Lust auf Gemüse, greifen wir zu der Karotte, die so gerade, glatt und orange ist, als wäre sie nicht im unberechenbaren Erdhaufen, sondern auf einem geschniegelten Baum gewachsen. Aber das merken wir nicht. Denn wir sind mittlerweile so wählerisch geworden, dass wir nur noch das perfekt aussehende Gemüse kaufen. Lebensmittel sind für uns einfach eine Selbstverständlichkeit. Was ja einerseits gut ist, weil Menschen hier nicht mehr hungern müssen. Aber wer dahintersteckt, wer sich das ganze Jahr über abmüht, damit es so ist, wie es ist, vergessen wir dabei nur allzu gerne. Denn Selbstverständlichkeiten schätzt man – und so ist der Lauf der Dinge – irgendwann nicht mehr wert. Hinzu kommt noch die interessante Beobachtung, die, wie ich vermute, speziell den Deutschen aus welchem Grund auch immer ein Bedürfnis zu sein scheint, dass man, wenn man gefragt wird, angibt, darauf zu achten, regional und „bio“ zu kaufen. Häufig stimmt das schlicht nicht, denn die Kaufverhalten-Zahlen geben ganz anderes wieder. Ich will niemandem hier ein schlechtes Gewissen einreden oder dergleichen, aber das alles zeigt nur, welch immense Erwartungen man an die Landwirtschaft stellt, selbst aber möglichst günstige Preise erwartet (dabei ist mir natürlich bewusst, dass nicht jeder gleichermaßen in der Lage ist, konstant teure Lebensmittel zu kaufen) und den Bauern zunehmend gesellschaftlich in eine mindestens zweifelhafte Ecke schiebt. Warum? Weil man nicht mehr gewillt ist, Lebensfragmente so zusammenzufügen, um zu erkennen, dass der Bauer, die Bäuerin tatsächlich der- oder diejenige ist, die einen ernährt. So. Das musste mal raus.

## JETZT ABER MAL GANZ ERNST: WIRD ES UNS IN DREISSIG JAHREN NOCH GEBEN?

All das, wie auch andere gesellschaftliche und politische Sorgen, lassen meinen Mann und mich abends wach liegen und darüber sprechen, wie es wohl weitergeht.

Wir fragen uns, ob unser Betrieb all die kritischen Zeiten wird überstehen können, ob eines unserer Kinder eines Tages den Hof übernimmt und wie es dazu kommen konnte, dass Landwirte immer mehr ins gesellschaftliche Hintertreffen geraten. Nehmen wir beispielsweise die Diskussion rund um den Agrardiesel. Ja, natürlich wollen auch wir – und erst recht als Biohof – so ökologisch wie möglich wirtschaften. Aber mindestens eines der Schlüsselwörter hier ist doch „wirtschaften"! Wenn für die Bauern die Sicherstellung der Lebensmittelversorgung der Bevölkerung nicht wirtschaftlich wird, wenn wir anfangen, konstant rote Zahlen zu schreiben, dann braucht man nach ökologischen Ansätzen ja erst gar nicht zu suchen. Denn dann wird es die Landwirtschaft schlicht nicht mehr geben. Die Subventionen, auf die Landwirte angewiesen sind, sind erst Folgen aus gesamtgesellschaftlichen Ansprüchen, sind wir doch mal ehrlich. Niemand möchte die Planwirtschaft, alle rufen nach den freien Märkten und begrüßen sie. Schön. Aber wir können mit unserer wohlstandsgebundenen und vergleichsweise teuren Produktion in Deutschland mit den billigen Marktpreisen anderer Player einfach nicht konkurrieren! Schließlich können wir nicht nur halbe Löhne zahlen oder den Energieversorgern bei Rechnungen bloß den Vogel zeigen. Und das sind nicht selten dieselben Kritiker, die sowohl die freie Marktwirtschaft ausrufen als auch die Subventionen für Landwirte verdammen. Da stimmt doch irgendwas nicht. Sie müssten sich mal entscheiden. Entweder Freiheit für alle Preise weltweit oder Landwirte im eigenen Land.

„Werden wir irgendwann mal ohne Subventionen wirtschaften können?“, ist eine der Schlüsselfragen auch unserer allabendlichen Gespräche. Natürlich wollen auch wir autonom sein, selbstständig, niemandem auf der Tasche liegen. Auch wenn wir nichts dafürkönnen, würde es sich ohne finanzielle Brücken wesentlich besser anfühlen. Was machen wir, wenn Biomilch sich irgendwann nicht mehr lohnt? Den Gedanken mag ich gar nicht aussprechen, aber werden wir künftig noch Kühe melken, oder werden unsere Betriebsflächen nur noch für Energiegewinnung genutzt werden dürfen? Wir können bald schon versuchen, uns ein wenig breiter aufzustellen, um bei einem Milchpreistief nicht gleich alles zu verlieren. Auch solche Gedanken gehen uns täglich durch den Kopf. Direktvermarktung wäre da ein möglicher Ansatz, denken wir uns. Natürlich geht das nicht voll und auch nicht groß. Wir produzieren 3.000.000 Liter Biomilch im Jahr! Das kriegen wir selbst natürlich niemals vermarktet, zumindest nicht in absehbarer Zeit. Aber wir müssen permanent überlegen, permanent auf der Hut sein. Landwirtschaftsbetriebe wirtschaften ja nicht nur mit riesigen Schulden und Krediten – auch das ist vielen nicht bewusst –, sondern müssen auch für andere Menschen Verantwortung tragen. Wir haben neun Mitarbeiter! Das sind mindestens neun Schicksale, neun Familien, für die wir ganz konkret verantwortlich sind. Was das bedeutet, war mir vorher auch nicht klar. Also müssen wir funktionieren. Es muss einfach klappen. Und wenn wir dafür alle Fehlstellen auffangen, auf Urlaub verzichten, nachts nach den Abläufen schauen und, und, und. Wir müssen gut wirtschaften, da führt kein Weg dran vorbei. Und zu alledem gesellt sich noch die Sorge um den Klimawandel mit all seinen möglichen Folgen für uns.

Was, wenn meine Enkelkinder eines Tages hier Bedingungen vorfinden werden, die eine Landwirtschaft unmöglich machen? Was passiert, wenn wir nur noch „Energie-Bauern" sein können, deren Flächen zur Energiegewinnung eingesetzt werden? Und sich deswegen ganze Dörfer zerstreiten, weil dies die einzige profitable Nische ist und es dabei um sehr viel Geld gehen wird? Was dann? Und wo kommt in dem Fall die Nahrung her?

Das alles ist bereits heute unsere tägliche Gedankenrealität. Bäuerliche Landwirtschaft wird immer weniger. Und ja, auch wir mit unseren 320 Kühen, unseren Melkrobotern, neun Angestellten und einer Biogas-Anlage zählen eigentlich nicht mehr dazu ... Wir sind ein Unternehmen. Auch weil es nicht mehr anders geht. Und ob wir wollen oder nicht, wegen all dieser Faktoren müssen wir uns fragen, was wir machen, wenn das alles nicht mehr ist. Ja, ich weiß, die Regionalpolitiker-Karriere meines Mannes und die frisch duftenden Schnittblumen neben meinem Herd ... Schon klar. Aber ich sehe zum Beispiel auch an meinen Schwiegereltern, dass das alles für Menschen wie uns keine Erfüllung sein kann. Und ich sage das mit höchstem Respekt. Sie kannten nie etwas anderes als die Arbeit auf dem Hof. Und jetzt sind sie abgelöst worden – in wenigen Wochen gar amtlich und offiziell – und haben sich zurückgezogen. Sie leben in einem wunderschönen Architektenhaus und wissen vor lauter Entlastung nicht, wohin mit ihrer Energie. Sie arbeiten noch bei uns mit, haben, weil sie nicht mehr das Sagen haben, aber anscheinend noch genügend Ressourcen übrig. Ich habe ihnen schon angeboten, ein paar Kühe ins Wohnzimmer zu verlegen, das würde ja auch Heizkosten sparen. Aber sie haben abgelehnt, zumal das mit den frisch installierten Melkrobotern nicht gut funktionieren würde, wenn die Kühe bei denen auf der Couch hocken.

Jedenfalls zeigt mir das, dass wir mit Zukunftsprognosen, insbesondere persönlicher Natur, vorsichtig umgehen müssen. Wer weiß schon – abgesehen von den Dingen, die wir nicht beeinflussen können –, wie wir in zwanzig, dreißig Jahren über uns, Kinder und Landwirtschaft denken werden. Vielleicht gibt es ja bis dahin auch schon fliegende Trecker. Und wieder fliegende Kühe. Dann müssen wir beim Weiden und Melken ohnehin stark umdenken. Aber ich schweife mal wieder ab.

Also, eigentlich will ich ja sagen: Jetzt bin ich zu einhundert Prozent Bäuerin, jetzt bin ich auf dem Land. Aber wer kann schon voraussagen, was irgendwann mal kommen könnte? Wer kann voraussagen, wie sich Dinge entwickeln oder wie stabil die Lage bleiben wird. Ihr versteht schon. Sollte das mal der Fall sein, dann schreibe ich ein Buch darüber, wie man es als Ex-Bäuerin schafft, sich nach vielen, vielen Jahren für immer von Kühen zu verabschieden. Ich würde dann meine Erfahrungen teilen, wie ich Martin immer wieder darum bitte, Kaugummi zu kauen. Nur um ein bisschen dieses Gefühl zu spüren, Wiederkäuer um mich herum zu haben. Aber das ist hochhypothetische Zukunftssorgenmusik. Jedoch muss man so ehrlich sein, auch solche Szenarien zuzulassen. Wer in diesen Zusammenhängen Ausdrücke wie „niemals“ und „auf keinen Fall“ verwendet, lügt sich, vielleicht auch nur, um sich zu schützen, definitiv in die Tasche. Und ich sage mir dann immer so Dinge wie das mit der Stadtwohnung und den Schnittblumen vor. Denn wenn sie dann eintreten und ich jenes Leben leben muss, kann ich zumindest nicht überrascht sein. Und vorgewarnt ist halb bewaffnet, oder wie ging der Spruch noch mal?

# UNTER JEDEM DACH EIN ACH – DIE DORFGERÜCHTE-KÜCHE BRODELT

„Sama, die Marie, ne … die hat auf einen Schlach zwölf Kinna bekommen!“

„Ach!“

„Ja! Un alle sehnse janz verschieden aus. Ma blond, ma dunkel, ma schwatte Haare. Bestimmt zwölf verschiedene Frisuren sind dat, sach ich euch. Aber alle gleich alt, ne. Ich hab dat schon überall rumerzählt. Dat is ja ein Ding, du!“

„Wahnsinn! Und dann arbeitet die ja noch als Kindergärtnerin. Wie schafft die das nur?“

„Ach wat?“

„Ja, so viele Kinnas auffe Arbeit und danach noch zu Hause. Da wirste ja bekloppt, mei, mei, mei!“

„Die Marie arbeitet jetzt als Kinnagärtnerin?“

„Ja. Wusstest du nich? Seit letztem Monat. Davor war die ja schwanger.“

„Oh, dat wusst ich nech. I muss dann au ma los, ne!“

„Hä? Wat is denn auf einmal? Ich wollt di do noch vonne Kevin erzählen. Wie der wieder durch seine Gesellenprüfung gerasselt is! Zum dritten Mal schon. Die arme Martha, wat ein Nichtsnutz als Sohn abbekommen."

„Ich bin doch Martha."

„Oh, hab dich ohne Brill nech erkannt. Muss dann au ma. Tschö!"

„Kevin?! Du bis durch die Prüfung gerasselt? Komma her!"

## DIE GUTE ALTE LÄSTEREI GEHÖRT VOR JEDE MOLKEREI

Dorfklatsch – und da bin ich ganz sicher – gab es schon immer und wird es immer geben. Das Leben des Nachbarn ist aber auch einfach viel zu spannend, um es der Wahrheit zu überlassen. Zu spannend, um nicht über den Zaun zu schauen und sich die wildesten Theorien dazu auszudenken. Warum parkt der komische blaue Opel jetzt schon zum vierten Mal vor dem Haus der Else? Hatte der Gerd da gerade ein Messer in der Hand? Oh, nein, seine arme Frau! Der hat doch bestimmt erfahren, dass sie eine Liebschaft hat, nech? Zumindest sagt das der Klaus von der Nordstraße. Zu spannend, sage ich euch. Und ich will jetzt gar nicht die alte Floskel bemühen, wonach das Leben einfach so superlangweilig sei, dass man sich Storys dazu ausdenkt. Ich glaube, das hat andere Gründe. Ich will mal eine neue Theorie dazu in den Raum stellen. Basierend auf meiner Erfahrung und meiner Perspektive.

Im Dorf lebt man mit seiner Nachbarschaft ja zusammen. Ihr wisst schon, Gemeinschaft und so. Man ist nicht, wie etwa in der Stadt, anonym. Man sieht sich täglich, kennt die Geschichten, arbeitet und feiert, trauert, freut sich und fürchtet miteinander. Und teilt sich im äußersten Fall sogar eine Auffahrt. Man ist also permanent in „Berührung", die Leben der Nachbarn im Dorf überschneiden und überlappen sich oft. Und daher ist es wenig verwunderlich, dass man sich für den anderen so viel mehr interessiert, als man es in der Stadtwohnung tun würde. Tun müsste? Was ist denn der neue Nachbar für einer? Was für Kinder hat diese zugezogene Lisa? Die sahen ja schon am Umzugstag total versnobt aus, oder? Das müssen die Menschen auf dem Land einfach alles wissen, und am besten sofort. Auch aus Gründen des Selbstschutzes, auch weil es ja ihre Sicherheit tangiert, wenn der neue Nachbar unberechenbar ist oder der alte gerade dabei ist, nach siebenundzwanzig harmonischen Jahren plötzlich durchzudrehen. Das müssen wir alle wissen. Und ja, auch ich erwische mich regelmäßig dabei, wie sich meine Ohren spitzen, wenn mir jemand etwas Spannendes mit leicht gedimmter Stimme und dramaturgischer Betonung erzählt. Und auf der anderen Seite werden dann Störche für neugeborene Babys aufgestellt und auch andere Formen der Anteilnahme gezeigt. So etwas geht mit dem Getratsche auf dem Land Hand in Hand. Beides ist Teilhabe am Leben der anderen. Beides ist für das (Über)leben auf dem Land von Bedeutung.

Und das besonders Spannende daran ist, dass man nicht damit rechnet, dass das eigene Leben so interessant für die anderen sein könnte. Man genießt es ja auch als Tratschopfer ein bisschen, dass über einen überhaupt gesprochen wird. Man möchte, dass jemand an einen denkt, aber man möchte nicht im Ansehen der anderen sinken. Mir hat mal jemand, der ein

Selbstbewusstseins-Seminar durchlaufen hat, erzählt, dass die Menschen, die sich schüchtern und zurückhaltend verhalten, häufig einfach nur dem Aspekt, von anderen bewertet zu werden, viel zu viel Bedeutung beimessen. Dabei müsste man diese Angst überhaupt nicht haben, denn jeder würde sich eigentlich nur um seinen eigenen Kram kümmern und die anderen gar nicht so richtig beachten. Daher könne man getrost auch mal in die Kuhkacke greifen und sich kurz blamieren, ohne dass die Welt über einem zusammenbricht. Das erzählen sie einem bei solchen Lehrgängen, und grundsätzlich haben sie damit auch recht. Nur halt nicht auf dem Dorf. Auf dem Dorf interessiert sich jeder für jeden, und das unfassbar stark. Immer wieder bin ich überrumpelt, wie viel andere über mein Leben bereits wissen. Oder eben zu wissen glauben. Anderen geht es natürlich genauso. Zumindest weiß ich das aus Erzählungen Dritter.

## WENN ES DEN DORFKLATSCH NICHT GÄBE, WÄREN LÄNGST ALLE FEINDE

„Dat Lenchen vonne Krämers, ne."

„Ja, wat?"

„Die hat 'ne Affäre mim alten Mann. Dabei ist die grad erst siebzehn geworden!"

„Waaaas?"

„Ja, der is jeden dritten Tach da, kommt und wartet vor ihrer Tür."

„Ne!"

„Die kommt dann raus und steigt bei ihm ein. Wie aufm Straßenstrich, sach ich dir."

„Und dann?“

„Dann lässt der die auch noch sein Dienstauto fahrn.“

„Ein Kind?! Die hat do noch gar keinen Führerschein! Mei, mei, mei.“

„Jo.“

„Un is dat einer von hier oder wat?“

„Nee, hier aus Wulfsmoor, der alte Breuer is dat.“

„Wat, der Fahrschullehrer?“

„Aso. Jo, stimmt, der hat ja ’ne Fahrschule …“

Egal, wer was auf dem Land macht und tut, und vor allem, wenn sich plötzlich etwas ändert, die Dorfbewohner mit neuen Menschen oder mit neuen Situationen konfrontiert werden: Es wird geforscht, gefragt, erzählt und genauestens hingeschaut. Und das kann auf Neuankömmlinge besonders befremdlich wirken. Denn die Neugierde der Alteingesessenen beginnt bereits bei der Hauseinrichtung. Sollte man das Glück haben, in ein Haus gezogen zu sein, dessen Vorbesitzer man im Dorf hervorragend kannte und schätzte, wird man besonders genau beäugt und jedes Detail wird bewertet. Oft versuchen Dorfbewohner, dabei nicht zu übergriffig zu sein, denn auch sie müssen sich mit den Neuen gut arrangieren und, wenn alles funktioniert, noch eine ganze Weile zusammenleben. Aber wie sagt man noch mal so schön? Meinungen sind wie Astlöcher, jeder Baum hat eines. Und jeder ~~Baum~~ Dorfbewohner wird seine auch kundtun, sobald er eine geeignete Möglichkeit dafür erhält. Und selbst wenn es nur darum geht, dass die Neuen ihren Zaun in einem anderen Rotton gestrichen haben, als man es selbst getan hätte. Doch solange man sich nur über Zaunfarbe und andere Nichtigkeiten die Münder zerreißt, muss man sich keine großartigen Sorgen machen. Der Dorftratsch erfüllt nämlich auch noch eine Art Kanalfunktion. Die Dorfbewohner nutzen – bewusst oder unbewusst – harmlose Lästereien und Streitpunkte, um ein bisschen Dampf abzulassen, bevor sich etwas Größeres anstaut, was man dann nicht mehr so folgenlos in den Griff bekommt. Dampf wegen der Unsicherheit, Dampf wegen des Unbekannten, vor dem sich die Menschen seit jeher instinktiv fürchten. Und das hat wiederum zwei Vorteile. Zum einen lässt man die aufgebaute Spannung heraus, diese Angst vor einer Situation, die einem möglicherweise, wenn auch sehr unwahrscheinlich, irgendwie gefährlich werden kann. Und zum anderen wäre man vorbereitet, wenn es doch so eintreten würde. Denn dann hat man ja schon mal darüber gesprochen und seine Bedenken auch noch mit der Gemeinschaft geteilt, die einem im Notfall hilfreich sein kann.

Das wären natürlich absolute Extrembeispiele, die aus meiner Sicht soziopsychologisch immer mitschwingen. Aber es gibt auf dem Dorf mindestens vier verschiedene Klatsch-Arten.

## MAN WILL JA AUCH NUR UNTERHALTEN WERDEN …

Harmloser Klatsch: Harmloser Klatsch behandelt ebensolche Ventilthemen wie falsche Wandfarbe, ungünstigen Autokauf, eine schlecht geschnittene Hecke oder miese Laune eines Nachbarn. Manchmal genügt schon ein Kleidungsstück, um kreative Gerüchte zu streuen. Ein Beispiel dafür habe ich letztens erst hören dürfen:

„Sama, Annemarie, haste schon mitbekommen?“

„Watten?“

„Die Hilde, die hat da ’ne Liebschaft, ne. Ich hab den gestern erst durch den Garten bei der gehen sehen.“

„Ach ja?“

„Ja, so ’n ganz schicker Typ war dat. Ein bisschen wie ihr Maik, aber mit so ’nem schönen, sauberen roten Hemd, in kariert. Der Maik, der hat ja so ’n olles blaues kariertes immer.“

„Ach du, nee! Dat war ihr Maik! Die hat ihm bloß endlich mal ein neuet Hemd gekauft. Hatse mir selbst noch erzählt.“

„Ja?“

„Jo. Watte mal … Du findest den Maik also schick?“

„Du, Annemarie, ich muss los. Die Kühe und alles, weißte ja.“

„Jo, mach.“

Dann gibt es da noch den Standardklatsch. Dabei werden einfach nur Dinge weitererzählt, die man selbst zuletzt in irgendwelchen privaten Konversationen aufgeschnappt hat. Die einem vielleicht sogar anvertraut wurden. Im Regelfall betreffen diese Erzählungen das Privatleben anderer Dorfbewohner und dienen keinen weiteren Zwecken als nur der Unterhaltung und ein wenig Thrill.

„Männer, habt ihr schon das Neueste von Hebbet gehört? Ganz üble Sache.“

„Watten? Hat der wieder im Sitzen gepinkelt?“

„Schlimmer. Der hat seine Frau verlassen.“

„Wat, die Monika? Die is do echt schnieke!“

„Jo, hab ich ihm auch gesacht. Aber der konnte einfach nimehr.“

„Ja, dit Monika is auch echt ein starkes Weibstück.“

„Dat is genau Hebbets Problem. Der hat den Fehler gemacht un über ihren Apfelkäsekuchen gemeckert. Zwar leise, aber dat hat die trotzdem jehört. Da hat die ihn hochgenommen und ausm Fenster geschmissen."

„Wat?!"

„Jo, gut, dat die Küche inna erste Etage is. Da is nicht viel passiert."

„Hat sich nur bisschen den Pantoffel verbogen, wa?"

„Harharhar, ja!"

„Ah, kuma, da isser! Hockt in seinem Wagen mit gepackten Koffern un will wegfahrn."

„Und die Monika hält dat Auddo fest. Starkes Weibstück is dat."

„Jo, starkes Weib. Komm, lass uns ma abhauen, bevor die uns sieht."

„Jo, komm, lass wech."

Und dann haben wir da noch die sogenannte Gerüchteküche. Die kennt ihr bestimmt nur allzu gut. Die baut auf dem Standardklatsch auf, ist aber ein bisschen aufwendiger. Denn hier werden die gehörten Geschichten ganz eigens interpretiert und mit selbst hinzugefügten Elementen ausgeschmückt und weitererzählt.

„Wusstet ihr, der Denny, der neue Nachbar vom Lutz, ne ... Der hat seine Kinna alle im Keller!"

„Ach?!"

„Jo. Fünf Stück hatta, und alle eingesperrt! Ein schrecklicher Mann is dat."

„Ja, ich fand auch immer, dass der irgendwie gruselich aussieht. Und sein Garten ist auch ganz schön duster. Aber woher weißt du das eigentlich so genau? Hast ihn dabei erwischt, wa?"

„Na, ich hab bei ihm im Hof noch nie welche Kinnas gesehen! Dann müssen die ja weggesperrt sein."

„Stimmt ... Un wat sacht seine Frau dazu?“

„Die hatta auch in’ Keller geworfen. Oder aufn Dachboden. So genau weiß ich dat nich. Jedenfalls sieht man die au nie.“

„Ach du meine Güte, die arme Frau!“

„Jo.“

„Scheiße, da kommt der ja ... Tach, Denny!“

„Hi, Leute. Na, allet klar?“

„Jaja ... bei uns schon. Wir müssen nur grad los, weißte. Grüß Frau und Kinna von uns, ne?“

„Hä? Ick hab doch gar keene.“

„Wat?“

„Jo. Ick hab eene Freundin, die wohnt in Berlin. Aber ob die hier zu mir zieht, is no nich klar. Sie sacht, hier aufm Land würde man so viel lästern un so, dat wär ihr unanjenehm ...“

„Ach, Quatsch! Soll die sich ma nicht anstellen un kommen! Wir sinn alle super hier.“

„Ja, hab ick ihr ooch jesacht. Die Leudde hier sin doch tiptop. Jedenfalls tschö, ne. Ich muss ma weida, ihr Lieben.“

„Tschüss, Denny.“

„Gudder Mann.“

„Jaaa, gudder Mann. Nich wie die Melanie da, die annere Neue.“

„Wat, wieso? Wat isn mit die?”

„Ja, die is ja immer bauchfrei angezogen un ...“

„Un rückenfrei auch!“

„Stimmt, bauchfrei un rückenfrei. Un dann hat die noch so ’ne rote Gardine inne Fenster und den ganzen Tach Pop ...“

„Popperei?“

„Ne, du – die hat Popmusik den ganzen Tach laufen.“

„Dat is ja noch schlimmer wie Repp!“

„Ja, wer weiß, wat die alles treibt da in ihre rote Kammer."

„Genau. Un letzten Samstach, da waren fünf Kerle voll mit Muggis bei ihr inne Bude und kamen total verschwitzt wieder raus. Wat die da alles getrieben haben, do …"

„Wei wei wei … Wann, sachste, is die eingezogen?"

„Na, auch letzten Samstach. Mit Umzuchsfirma, starke Helfer un alles. Nix können die mehr selber machen, die jungen Leut …"

Und dann gibt es da noch diese letzte, ja zuweilen fast bösartige Kategorie, die zum Glück nicht ganz so oft auftaucht. Der Klatsch aus Verbitterung heraus. Dabei werden Gerüchte nicht nur fahrlässig fehlinterpretiert, sondern böswillig in die Welt gesetzt oder vorsätzlich so verändert, dass sie dem Opfer, über das gelästert wird, auch schaden. Da mir so etwas in meiner Gemeinde natürlich noch nicht untergekommen ist, habe ich mir im Gegensatz zu den anderen ausnahmsweise ein solches Beispiel frei ausgedacht. Dennoch beruht es auf der Realität vieler anderer Schicksale in anderen Dörfern. Ähnlichkeiten mit Personen, die ihr vielleicht kennt, sind absolut zufällig.

„Habt ihr gehört, die Marieanne, die aus Schleswig-Holstein, ihr wisst schon …"

„Ja, dat Mädel vonne Maddin. Wat is denn mit die?"

„Die is schon wieder schwanger, ne."

„Wat, echt? Kannich sein, die hat doch bereits drei Kinnas, un alle schön hinnaeinander."

„Ja, doch. Läuft hier mit 'ner Riesenkugel durchs Dorf. Un neulich hab ich gesehen, wie die schön gereihert hat, inne Büsche."

„Ach wat, dat is alles noch kein Indiz, sach ich dir. Mein Elmar, der hat auch so 'ne Drillingskiste unna dem Hemd, und gekübelt hat der Samstach auch nachm Dorffest."

„Jo, aber die hier is schwanger, dat is voll klar. Die macht dat wie ihre Mutter schon. Von meine Cousine die Freundin, deren Feindin, die Nachbarin davon, die wohnt im Nachbardorf vonne Eltern vonne Marieanne. Und die sacht, dat war imma sone Asifamilie mit ganz viele Kinnas gewesen. Schon inne Neunzigerjahre damals. Un die alle sinnix gewordn. Bis auf den einen Professor da. Und den einen Landesamtprüfer. Ja, un den einen, der's als Einziger im Dorf geschafft hat, als Bauer zu überleben."

„Jo, die paar Ausnahme n..."

„Ja, gut, un der Wirtschaftsinformatiker. Ah, un der TÜV-Prüfer ... Un die Lehrerin da, die eine Schwester von die. Un der eine, der jetzt Bürgermeister ist ... Ja un die eine erfolgreiche Influenzarin, die immer im Fernsehn kommt und auch noch 'n großen Betrieb führt ..."

„Influenzarin? Wat is dat denn?"

# „EINE INFLUENZARIN? WAT IS DAT DENN?“

Eine Influencerin ist eine weibliche Person, die in sozialen Netzwerken besonders bekannt, einflussreich ist und bestimmte Werbebotschaften, Auffassungen oder Ähnliches vermittelt, sagt der Duden[3]. Egal, ob in den Themen Kosmetik, Politik oder eben beim Landleben. Die Aufgabe eines verantwortungsbewussten Influencers ist es nicht nur, andere anzuleiten, sondern sie auch zu informieren, mit ihnen zu diskutieren, zu lachen, zu weinen und – ja, falls es klappt – auf Missstände hinzuweisen und zu versuchen, sie gemeinsam zu ändern. Denn nicht nur im Dorf ist die Gemeinschaft ein mächtiges Werkzeug, sondern auch im Internet.

## SOCIAL MEDIA IST EINE WAFFE

Meine Anfänge in den sozialen Medien waren eher zufälliger, vielleicht sogar notgedrungener Natur. Damals noch neu auf dem Hof und neu in den Rollen der vielfachen Mutter, einfachen Ehefrau und zweifachen Schwiegertochter, suchte ich nach Kollegen, vielleicht sogar nach einer erfüllenden Aufgabe, und beschloss daher, das Handy in die Hand zu nehmen. Ja, Melken ist eine hervorragende Beschäftigung und hat mich bis dato immer auszufüllen gewusst, nur hat die zusätzliche Belastung der neuen Situation einen weiteren Ausgleich gesucht. Und schließlich auch gefunden. Auch wenn ich nicht genau wusste, ob daraus jemals etwas werden würde oder wo es überhaupt hinführen könnte, habe ich mich in die neue Aufgabe sofort verliebt. Eigentlich auch kein Wunder, denn sie vereinte meine bisherigen Leidenschaften – Kühe, Hof und Humor. Ich kann nicht leugnen, dass die Aufmerksamkeit (zur Erinnerung: Ich bin das jüngste von acht Milliarden Geschwistern), die ich damit erreichte, ihr Übriges tat. Trotz aller Ungewissheit und der Unsicherheit, die mich damals umhüllte, wusste ich eines: Ich wollte diese Aufgabe so richtig ernst nehmen. Also befolgte ich sämtliche Ratschläge, die ich bei anderen Influencern abgeschaut habe und für sinnvoll hielt. Ich machte genau das, was mir die Erfolgsversprecher versprachen, und zog es einfach nur durch. Dafür musste ich schon am Anfang ordentlich Zeit mit einplanen, denn die Produktion eines solchen Clips dauert wesentlich länger, als er am Ende vermuten lässt. Für einen schnell verpufften Einminüter überlege ich mehrere Tage, vielleicht sogar Wochen, das passende Thema. Das ist sowieso das Wichtigste dabei. Denn es muss ja nicht nur mir gefallen, sondern möglichst viele Menschen, die darauf warten, erreichen, bewegen, informieren, unterhalten und abholen. Der Dreh dauert dann nicht ganz so lange, aber lange genug. Denn ich will immer alle möglichen Perspektiven, Winkel und Kompositionen abdecken. Nicht selten habe ich für 18 Sekunden Video am Ende schon drei, vier Stunden verballert. Danach fehlen nur noch der Schnitt (manchmal hasse ich es, mich zwischen mehreren tollen Takes entscheiden zu müssen), das Schreiben der Untertitel und die Abnahme durch den strengsten Redakteur der gesamten Uckermark. Martin Terminator Paulsen achtet auf alle Details, auch auf diejenigen, die ich gar nicht reinbringen wollte. Und sagt mir dann, ob es gut, ausbaubar oder Mist ist. Besonders bei „Mist“ weiß ich: Es wird ein Erfolg.

„Annemarie, wegen deinem Video ...“

„Was ist denn damit? Haste schon geprüft?“

„Ja, ich hab mir das Material angesehen. Ich finde, du kannst das unmöglich so machen. Das bringt dir nur Schwierigkeiten.“

„Hä? Ich hab doch einfach nur gezeigt, wie Bauer Helmut dem Bundeskanzler Tipps gibt, wie man richtig joggen soll. Damit der beim Laufen nicht wieder hinfällt und dann mit der Augenklappe rumlaufen muss ...“

„Annemarie!“

„Was? Lass mich doch mal ausreden!“

„Annemarie, das geht so auf keinen Fall. Schluss, aus.“

„Na gut. Dann lass ich Bauer Helmut an den Busch pinkeln. Im Stehen. Das ist heutzutage schon umstritten genug.“

„Ja, mach das so. Puh, das war knapp ...“, murmelte er noch, während er das Zimmer verließ.

Ja, so manches Mal hat mich mein Mann schon vor kreativen Fehlentscheidungen bewahrt, und ich wüsste ehrlich nicht, was ich ohne Martins Einschätzung machen würde. Dafür bin ich ihm enorm dankbar. Denn auch seinetwegen war es mir bisher möglich, konstant Qualität rauszuhauen. Und laut ihm nicht im Gefängnis zu landen.

Aber genug des Lobes. Nach einer Weile merkte ich dann, dass die Videos, die ich produzierte, allmählich mehr wurden als nur ein bisschen lustiger Quatsch. Als sich immer mehr die Routine einstellte, wurde mir klar, dass mit alledem auch eine gewisse Aufgabe einhergeht. Vor allem, weil immer mehr Zuschauer da waren, schlich sich auch immer mehr Verantwortung ein. Themen oder Albernheiten, die ich am Anfang noch getestet hätte, wurden mit den explodierenden Abspielzahlen immer weniger denkbar. Ich glaube, das ist ein ganz normaler Entwicklungsprozess, den jeder Influencer durchgehen muss, aber es fühlte sich dennoch seltsam an. Auch weil es so schnell ging. Besonders, nachdem ich meinen humorigen Stil gefunden hatte, ging alles Schlag auf Schlag. Als hätte ich eine Lücke entdeckt, die nur darauf gewartet hatte, gefüllt zu werden. Doch das motivierte mich nur, noch bessere, rundere, informativere, unterhaltsamere und schönere Videos herzustellen. Ich war diszipliniert wie noch nie in meinem Leben zuvor und begriff immer mehr, dass der Beruf der Agrarinfluencerin genau die notwendige Ergänzung war, die ich bis dahin unwissend, aber sehnlichst vermisst hatte. Ich – ICH – nehme ja die Leute hier mit auf den Hof! Das wurde mir klar. Und nicht nur Bäuerinnen und Bauern, auch wenn sie mit etwa 60 bis 70 Prozent meine größte Followerschaft ausmachen. Sondern auch Vertreter handwerklicher Berufe und auch einfach nur Menschen, die gerne Humor und Charakterschauspiel mögen. Die einen – die Landwirte – freuen sich darüber, dass sie alles wiedererkennen, aber auch die aus anderen Berufen staunen manchmal nicht schlecht, weil es bei ihnen zum Teil ganz ähnlich zugeht. Warum auch nicht? Entwickelt haben sich traditionelle Berufe ja mindestens parallel.

Insbesondere die „Bauer Helmut“-Videos kommen ja gut an, auch unter ganz anderen Gesellschaftsgruppen. Sie amüsieren sich über seinen sympathischen väterlichen Starrsinn und erfahren nebenbei eine Menge über das Landleben, Altbauern und die Landwirtschaft. Denn glücklicherweise ist mein Themengebiet so gewählt, dass ich viele tolle Bilder von der Natur, aus dem Stall und dem ganzen Gewusel um mich herum zeigen kann.

Das alles würde aber, glaube ich, nicht so gut ohne den Humor funktionieren. Natürlich gibt es auch viele andere Kanäle, die hervorragend ohne Witze laufen, und das ist auch toll so. Doch Humor bietet Themenfelder und Instrumente, die ohne nur schwer zu transportieren wären. Zum einen kann man dadurch auch viel Kritisches zwischen den Zeilen ausdrücken, ohne gleich jemanden zu beleidigen. Oder einfach nur über sich selbst oder die eigene Blase lachen. Und das alles zu einem für alle (na, zumindest für die allermeisten) nützlichen Zweck, das Landleben, die Landwirtschaft und sämtliche sinnvollen Traditionen vorzustellen und möglichst lange und gut zu erhalten.

Auch mein Vater hat schnell begriffen, dass Humor ein hervorragendes Instrument dafür ist, unseren Beruf zu vertreten. Möglicherweise bereut er sogar, dass es zu seiner Zeit keine sozialen Medien gab. Wobei, ich muss mal das Internet durchscannen. Nicht ausgeschlossen, dass irgendwo peinliche „Bauer Helmut Original“-Videos auf Compuserve, IRC, MySpace oder StudiVZ herumfliegen …

### „Ihr Video-Hüpfer seid doch alles faule Säcke!“

Und Social Media, sag ich euch, ist eine Waffe! Ich bin ja selbst auf der anderen Seite – der Seite der Konsumenten – genauso unterwegs wie auf der Seite der Produzenten. Letztens zum Beispiel sah ich auf TikTok ein Video, das von der Jugendfeuerwehr hochgeladen worden war. Und das war total lustig und ging auch mit Millionen Aufrufen zu Recht super viral. Es war so gut gemacht, dass ich direkt Lust bekam, dort dabei zu sein. Man konnte den Protagonisten so richtig ansehen, wie viel Spaß sie bei ihrer Sache hatten. Wie modern sie mit ihrem Ansatz waren, wie viel Lockerheit und – ja, dadurch auch – Überzeugung sie ausstrahlten. Haben sie in dem Video aktiv über die Feuerwehr etwas gesagt? Nein! Aber sie vertraten ihre Gemeinschaft und präsentierten ihr Thema zwischen den Zeilen so toll und auch absolut unmissverständlich, dass man direkt den Drang verspürte, Teil von ihnen zu sein. Und so müssen wir das auch handhaben. Denn das funktioniert, selbst bei einer Feuerwehr. Auch dort werden ja nicht nur sportliche, kräftige Männer gesucht, die ohne Furcht brennende Gebäude erklimmen, sondern auch ganz andere Kompetenzen. Mitarbeiter in der Logistik, in der Organisation oder – ja – eben in der PR (heutzutage stark auf Social Media ausgelagert). Und diese modernisierte Anwerbetaktik würde auch anderen Bereichen nicht schaden. Zum Beispiel Vereinen, Land-Organisationen aller Art oder, wie in meinem Fall, dem Landleben an sich.

Und obwohl es uns „Social Media"-Akrobaten schon seit so einiger Zeit gibt, ist es furchtbar interessant zu beobachten, wie alteingesessene Menschen heute noch Schwierigkeiten haben, sich an diesen Influencer-Kram zu gewöhnen. Wisst ihr, die Menschen sind regelrecht von sich selbst überrascht (!), wenn sie zum Beispiel das, was ich mache, unerwartet gut finden. Und dann, wenn sie sich dabei erwischt haben, tun sie alles, um ihre Begeisterung, warum auch immer, zu zügeln.

Ob das daran liegt, dass sie die plötzliche Offenbarung als eigene Schwäche empfinden oder einfach nur in dem ihnen noch unbekannten Gefilde vorsichtig vorgehen wollen, vermag ich nicht zu beurteilen. Aber amüsieren muss ich mich in solchen Momenten schon jedes Mal, allerdings im Stillen. Ich hatte mal eine angeregte Diskussion mit einem Mann, der tief involviert ist in Verbandsarbeit, ganz wichtige Dinge von sich gibt und auch ganz wichtige Ämter besetzt. Nach einem meiner Vorträge kam er zu mir und meinte:

„Das ist ja toll, was Sie machen, Frau Paulsen. Aber so einfach ist das Ganze ja nicht. Man darf ja nicht nur erzählen. Man muss den Zuschauern ja auch was vermitteln – Wissen zum Beispiel."

In dem Moment dachte ich nur: Schade, dass er mir die Anerkennung für meine Mühen einfach nicht geben kann. Ich fand das nicht schlimm, denn es war ja weiß Gott nicht zum ersten Mal so oder so ähnlich passiert. Aber ein wenig enttäuschend war das dann schon. Manche wollen es einfach nicht wahrhaben, dass Influencer mit ihrem „bloßen" Gerede in der Lage sind, Menschengruppen zu überzeugen oder entscheidende Probleme und Kontroversen – na ja, mindestens – anzustoßen. Sie finden unsere Arbeit „zu leicht". Ich möchte es ihnen auch nicht verdenken, denn sie alle, die uns auf diese Art kritisieren, sind einen anderen Weg gegangen, um an ihren Einflussbereich zu gelangen. Einen womöglich längeren, wie wir das schon mal durchanalysiert haben, ne? Aber diesen spreche ich ihnen ja auch nicht ab. Und auch hier wären wir wieder bei diesem einen Problem angelangt, dass die Nischenwächter den Neuen ihren moderneren Weg nicht gleich gönnen wollen. Jedenfalls begann ich damals – wahrscheinlich aufgrund meines entspannten Wesens – eine hitzige Diskussion mit diesem Menschen und musste ihn gedanklich erst dahin leiten, dass ich mich bewusst gegen trockene Wissensvermittlung und bewusst für den Weg des Humors und des Dialogs entschieden habe. Auch um Menschen außerhalb der Landwirtschaftsblase die Landwirtschaft und das Dorfleben näherzubringen. Wir leben heute in Zeiten, in denen sich jeder via Suchmaschine oder mittlerweile auch KI superschnell über alles Mögliche informieren kann. Ich muss doch wirklich nicht das eintausendste Video dazu machen, wie man korrekt eine Kuh melkt, ordentlich Blumen gießt oder wie man die Ziege wieder vom Dach herunterbekommt. Ich will etwas anderes mit meinem Ansatz erreichen. Um überhaupt Sympathie für etwas wecken zu können, muss man ja das unbekannte Objekt zunächst kennenlernen. Und mehr, als anderen das Landleben näherzubringen, will ich doch eigentlich gar nicht. Ihr Urteil darüber sollen die Menschen bitte selbst fällen. Dafür bin ich nicht zuständig. Vermittlung wovon auch immer ist doch wesentlich effektiver, wenn man die Menschen dazu anregt (oder überhaupt erst auf die Idee bringt), etwas selbst zu ergründen. Ich will niemandem meinen Supersenf auftragen. Das wollen so manche Funktionäre, Vorstände und Meinungsmacher anderer Art noch immer nicht so richtig begreifen. Schade eigentlich.

Aber so richtig falschliegen kann ich trotz der immer wieder aufkommenden Kritik an der Vorgehensweise ja nicht. Nicht nur die Medienpreise, die ich bisher in Empfang nehmen durfte, sondern vor allem die vielen Menschen, die mir jeden Tag schreiben, Lob, Zuspruch und Dankbarkeit ausdrücken, motivieren mich ungemein und zeigen auf, dass ich irgendwo doch den richtigen Nerv treffe. Und dafür – für euer stetiges

Feedback und für eure Aufmerksamkeit – bin ich unendlich dankbar. Und ich habe auch, selbst wenn das lange gedauert hat, gelernt, damit zu leben, dass es immer jemanden geben wird, der meinen Bäuerinnen-Beruf negativ sehen will. Auch Beleidigungen kann man nach Jahren wegstecken. Auch, und vielleicht sogar speziell, für solche Menschen mache ich dieses „Social Media".

### Asoziale Medien

Dabei ist mir natürlich immer bewusst, dass diese schnelllebige Branche nicht ungefährlich sein kann. Ich kenne Beispiele von Influencern, die den Druck, sich der Öffentlichkeit preiszugeben, nicht ausgehalten haben. Ich kenne Beispiele von Influencern, die trotz ihres fulminanten Erfolgs vereinsamt sind. Ja, das ist kein Scherz, und das ist gar nicht so selten. Viele von ihnen sind permanent auf Reisen, leben quasi in anonymen Hotels, schütteln unentwegt fremde Hände und müssen, egal wie traurig sie gerade sind, immer lächeln und Glücklichsein heucheln. Das ist für viele bereits sehr zermürbend gewesen, und wir kennen dabei nur die Eisbergspitze von denen, die den Mumm hatten, ihre Probleme und ihre Resignation wiederum öffentlich zu bekunden. Die anderen, die das ebenfalls nicht durchziehen können, verschwinden im Stillen. Und zwar darin, wovor sie in ihren Influencer-Jahren am meisten Angst hatten. In der gefürchteten Bedeutungslosigkeit. Besonders spannend finde ich dabei, dass diese „Bedeutungslosigkeit" sich einstellt, sobald sich die gescheiterten Influencer in der Gemeinschaft auflösen. Solange sie voll individualisiert ihre Spitzenwege bestritten, waren sie erfolgreich und glücklich. Erfolgreich ja – aber wirklich glücklich? Auch hieraus ziehe ich Indizien, um meine lose Vermutung zu bestätigen, dass das volle Glück nur als Individuum in der Gemeinschaft von Gleichwertigen wirklich möglich ist.

Die oben genannten allerdings sind häufig Schicksale, die alles auf diese eine Karte der Influencerei gesetzt haben. Nicht zuletzt deswegen werde ich diesen Beruf immer als Nebenbeschäftigung führen. Ja, er kann lukrativ sein, er kann ungeahnte Bekanntheit und Einkommenshöhen erreichen, wenn man sich dem Ganzen hingibt. Aber damit erhöht sich auch die Fallhöhe, und es sinkt die Hemmschwelle, Jobs anzunehmen oder für etwas zu werben, was man eigentlich moralisch nicht möchte. Und dann? Was machen diese Menschen danach, wenn sie gefallen sind? Aktuelle Beispiele von hysterischen Influencern aus Ländern, in denen Instagram oder TikTok gesperrt wurden, lassen erahnen, was für sie alles zusammenbricht. Die meisten von ihnen wissen nicht mehr, wohin mit ihrem Leben. So plötzlich ganz ohne Einkommen, Reichweite und Fame. Auch wenn sie sich sicherlich (und hoffentlich in ihrer Gemeinschaft) bald fangen werden, leiden sie in der ersten Zeit stark. Und ich – sollte das Internet morgen für ein Jahr oder auch für immer ausfallen – werde weich fallen. Zuerst in Martins Arme. Und danach auf einen kuscheligen Kuhrücken.

# 2052 N. CHR. – ODER WIE GEHT ES WEITER MIT DER LANDWIRTSCHAFT?

Ich habe vorhin geguckt, und das Internet ist immer noch da. Schön. Aber was, wenn alles tatsächlich eines Tages ganz anders wäre? Wenn nicht nur das Internet fehlte, sondern auch die letzte Unterstützung für Landwirtschaft in der Gesellschaft? Ich habe das bei meinen Sorgen und Ängsten bereits angerissen, aber hier will ich ja möglichst positiv in die Zukunft schauen. Die Sorgen zu isolieren fällt mir aber nicht unbedingt leicht. Denn was, wenn dann alle in Zukunft nicht nur „Tierquäler" schreien, sondern auch „Pflanzentöter" und „Bodenumwühler", und die Landwirtschaft im Gesamten infrage stellen? Allerdings frage ich mich, wie sie uns das in der Masse dann mitteilen wollen, so ganz ohne Internet. Egal, theoretisch kann das natürlich dennoch passieren. Immer mehr höre ich Menschen, die sich darüber beschweren, dass wir Bauern staatlich gefördert werden. Aber wie soll das auch ohne Förderung funktionieren? So in der freien Marktwirtschaft voller Dumpingpreise aus anderen Ländern, die ganz andere Löhne zahlen als wir und insgesamt viel geringe Kosten haben. Wenn die Subventionen und Mittelsmänner wegfallen, wird es eng um uns alle. Wollen sie, dass wir in Deutschland gar keine Landwirtschaft mehr betreiben? Hm. Wir könnten natürlich versuchen, dem Untergang entgegenzuwirken und, wie bereits angerissen, einen guten Teil der Milchprodukte selbst zu vermarkten. Wir denken heute schon darüber nach, welche Möglichkeiten wir hätten, uns breiter aufzustellen, um unvorhergesehene Ereignisse abzufangen. Wir könnten in kleinen Schritten beginnen und vielleicht erst mal ein bisschen Eis produzieren. Leckeres Milcheis zum Beispiel, aber auch andere Sorten wären möglich. Gerne könnt ihr mir schon mal eure Wünsche in euren Leserbriefen oder den Buchrezensionen mitteilen, und ich gucke, was geht. Wir könnten es auch mit einer kleinen Milchtankstelle versuchen. Oder mit einem Milk Drive-in. Dann können die Mütter und Väter, bevor sie ihre Kinder in die Schulen kutschieren, kurz bei uns durchhuschen und ein bisschen Frischmilch absahnen. Wir sind da ganz offen für vieles, was in diese Richtung künftig passieren kann. Jedenfalls müssen wir den reibungslosen Ablauf des Betriebs sicherstellen, und zwar auf Jahre voraus. Das ist unsere Pflicht, nicht nur unseren Mitarbeitern gegenüber.

Was machen wir denn, wenn zusätzlich noch Wetterextreme hinzukommen? Ein paar heiße Sommer gab es in den letzten Jahren bereits, und beim einen oder anderen (ich glaube, vor allem im Süden Deutschlands) wurde es auch mal knapp mit der Ernte. Wird sich das ausweiten? Was können konkret wir Landwirte dagegen machen? Hoffen, dass sich Dürre und Überschwemmung so harmonisch abwechseln, dass es für Gras und Getreide gerade perfekt austariert ist? Vielleicht. Aber zusätzlich können und werden wir Schutzmaßnahmen für Böden ergreifen und Anpassungen unserer Saat vornehmen. Ach ja, und die Luzerne, ne? Die wird uns, glaube ich, noch sehr lange den Arsch retten können. Hätte ich jetzt geschrieben, wenn das hier kein seriöses Sachbuch wäre, das keine Kraftausdrücke duldet. Daher sage ich lieber: Die Luzerne wird uns voraussichtlich über viele Jahrzehnte noch helfen können. So, besser.

### Gute-Nacht-Geschichten für Kühe

Im Moment sind wir dabei, unsere beiden Ställe auf Roboter umzustellen. Der eine, der bereits mit Robotern lief, bekommt ganz neue Geräte, und der andere, der teilweise noch einen klassischen Melkstand hatte (Fischgräten und so, ihr wisst noch?), wird jetzt komplett verrobotert werden (dieses Wort habe ich gerade erfunden. Ich hoffe, es setzt sich durch). Denn wisst ihr, auch wenn ich das so unglaublich gerne mache, ist Melken unter Hof-Mitarbeitern nicht die beliebteste Aufgabe. Und so tun wir nicht nur unserem Team einen Riesengefallen, sondern auch uns selbst. Ja, meine Schwiegereltern waren unangefochtene Asse, was die alte Melktechnik auf dem Hof betraf. Und die Umstellung auf die neue haben wir – Viola, Hans-Jürgen, Martin und ich – zusammen gemacht. Gleichberechtigt und auf Augenhöhe – und das tat gut, sag ich euch. Dem Arbeitsklima, dem Familienklima und dem Stallklima hat diese mit Rieseninvestitionen verbundene Reform, glaube ich, einen großen Gefallen getan. Und wir sind optimistisch, dass wir mit konkret diesen Robotern die nächsten fünfzehn Jahre melken werden, vorausgesetzt, die Landwirtschaft gibt es dann noch und Biomilch wird nach wie vor nachgefragt. Aber jetzt erst mal genießen wir die wuselige Neuanschaffung und die damit verbundenen Aufgaben. Denn das ist jetzt schon total aufregend und hat mich in den letzten Wochen so einige Nächte im Stall verbringen lassen. Die Kühe, müsst ihr wissen, sind immer so aufgeregt, wenn etwas Neues ins Haus kommt, also habe ich ihnen Nacht für Nacht aus einem Bauernhof-Kinderbuch vorgelesen, damit sie vernünftig einschlafen können. So etwas können Maschinen zum Glück noch nicht übernehmen. Aber was, wenn sie das eines Tages auch noch können werden? Sind wir Bäuerinnen dann komplett überflüssig? Was, wenn Alexa, Siri und Co. irgendwann lernen, auf „Muh"-Geräusche zu reagieren? Die Technologie schreitet doch mit beängstigend großen Schritten voran. Das würde dann bestimmt so ablaufen:

„Muh?" (Küherisch für: „Hey, Siri – wie wird denn heute das Wetter?")

„Gerne, hier ist die Wettervorhersage für heute: Es wird sonnig mit einer Höchsttemperatur von 27 Grad und einer Tiefsttemperatur von 16 Grad. Also beste Bedingungen für die Weide."

„Muh Muh?"

„Okay, Kuh, ich habe deine Erinnerung erstellt: Austrieb um 10:00 Uhr morgen früh. Direkt nach dem Roboter:in-Melkvorgang."

„Muhu Muhum?"

„Okay, schön, dass du dich darüber freust. Und ja, gerne – ich lese dir aus deinem Lieblingsbuch vor und wünsche eine gute Nacht, Kuh. Es geht los ..."

„Muhmuh Muh!" (Küherisch für: „Sehr geil, danke!")

„Es lebte einst auf einem Bauernhof ..."

### Bin ich eines Tages wegrationalisiert?

Tja, wenn es einmal so weit ist, werden unsere Kinder wohl auch nicht mehr bei uns leben wollen. Wer möchte denn dann überhaupt noch einen Hof übernehmen? Die ganze Arbeit wird doch von Maschinen erledigt werden. Im Moment haben wir vier Kinder. Das ist eine perfekte Anzahl, um vernünftig „Doppelkopf" spielen zu können. Ob wir noch weitere bekommen werden, steht zum Redaktionsschluss dieses Buches noch in den Sternen, dagegen würde ich aber nicht wetten. Jedenfalls haben wir schon gut vorgearbeitet, denn auch Stimmen aus meiner Community beklagen, dass Kinder auf dem Land mit der Zeit immer weniger werden. Dort, wo vorher zwanzig kleine Hasen herumhüpften, gibt es im Ort nur noch zwei. Das – so die Leute – lässt auch die Erwachsenen umdenken und sich immer weniger für die Gemeinschaft einsetzen. Erschreckend, doch speziell bei uns ist eine gegenläufige Entwicklung zu sehen. Wir mit unseren 120 Seelen im Dorf freuen uns über aktuell ganze zehn Sprösslinge. Und das scheint eine in heutiger Zeit gigantische Quote zu sein. Und ja – sie hat bei uns auch dazu geführt, dass die Sommerfeste wieder größer und häufiger wurden, der Tannenbaumweitwurf wieder etabliert wird, wir einen neuen Spielplatz bekommen und Kinder-Hater unseren Ort meiden werden. Ob wir als Familie da noch welche drauflegen sollen, weiß ich, wie gesagt, noch nicht. Vielleicht mal Siri fragen, was sie dazu meint?

Na ja, eigentlich ist diese Roboter-Geschichte im Stall ganz schön praktisch. Immer wieder werden wir gefragt, ob es nicht kontraproduktiv wäre, genau die Arbeit, die wir selbst immer am liebsten erledigt haben, an jemand Seelenlosen abzugeben. Verständliche Frage, aber dabei bleibt die eigentliche Betreuung der Kühe in unseren menschlichen Händen. Es wird nur alles moderner, angepasster und effizienter. Und wir – beziehungsweise unsere Mitarbeiter – müssen nicht mehr um vier, sondern erst um sechs aufstehen. Dieser Work-Life-Balance-Trend ist doch heutzutage so unglaublich angesagt, und mit den Automatisierungen im Stall wirken auch wir der Überlastung entgegen.

Hat das eigentlich auch zum Verschwinden der alten Traditionen beigetragen? Ich meine, haben die Frauen, die diese ständige Backerei, Einladerei und Kranzbinderei satthatten, damit nur aufgehört, um ihre Work-Life-Balance neu auszutarieren? Wahrscheinlich haben sie es damals anders genannt, aber der Gedanke war vermutlich nicht allzu weit davon entfernt. Und warum sollten wir – die junge Generation – ausgerechnet das verurteilen wollen? Wir, die wir unsere Arbeit nicht nur von Robotern, sondern auch von hochkompetenten Dienstleistern machen lassen, anstatt es, wie unsere Vorgenerationen, selbst zu erledigen. Wir sind quasi die erste Generation, die sich in eine solche Modernisierung des Landlebens hineinsetzen kann. Eben weil die Generation vor uns die schwierige Pionierarbeit geleistet hat, sich von überflüssigem Ballast zu trennen. Zumindest sehen das manche so. Aber war das alles eigentlich wirklich nur Ballast? Ich denke, nicht. Alle Traditionen, die über Jahre, Jahrzehnte und gar Jahrhunderte Bestand hatten, waren und sind in großen Teilen nach wie vor wichtig. Sie alle entstanden aus Gründen, in Zeiten, in denen sie hilfreich und zuweilen sogar überlebensnotwendig waren. Aber nun wurden sie mit Veränderungen konfrontiert. Mit Veränderungen, die, unter der Haube betrachtet, wesentlich gewichtiger sind, als es manchmal den Anschein macht. Denn auch die, die sagen, die Gesellschaft habe einfach keine Lust mehr auf die ganze Arbeit, machen es sich zu leicht. Beide Lager – diejenigen, die die Individualisierung der Gesellschaft anprangern, und diejenigen, die die alten Traditionen verfluchen – müssen einmal tief durchatmen. Denn beide interpretieren meiner Meinung nach zu einseitig. Meine Überzeugung ist, dass in der Welt nichts einfach so passiert. Die Butter wird nicht einfach so teurer, ein Staat verschwindet nicht einfach so von der Landkarte, und die Menschen geben lang gelebte Bräuche nicht aus Jux auf. Es gibt immer triftige Ursachen für all das. Ein Vakuum kann nie lange bestehen. Das bedeutet, dass die Menschen, die bestimmte Dinge nicht mehr erledigen können oder wollen, einen guten Grund dafür haben. Und diese Aussage habe ich zuletzt sehr oft gehört. Auch als ich meine Community nach ihren Erfahrungen mit verschwindenden Traditionen und den möglichen Gründen dafür befragt habe, sagte man mir immer wieder, dass man sich mit der ganzen Arbeit schlicht nicht mehr abgeben wolle und man die Zeit lieber für sich selbst nutzen möchte. Solche Aussagen für sich isoliert betrachte ich allerdings trotz all der Unterstützung für sich herausbildende Individuen mit größter Vorsicht. Denn wenn man diese Entwicklung zu Ende denkt – und das muss man für eine komplette Analyse ja tun –, steht am Ende das Individuum über der Gemeinschaft. Und das kann aus meiner Sicht und auch aus der Sicht der Landleute einfach nicht funktionieren. Beides muss gelten. Das freie und entfaltete Individuum muss sich in die Gemeinschaft einfügen, denn es profitiert auch sehr stark davon. Letztens wurde mir auf einem der sozialen Medien ein kurzer bedrückender Clip in die Timeline gespült. Darauf konnte man sehen, wie in einer urbanen

Umgebung ein offensichtlich beeinträchtigter Teenager von einem anderen jungen Mann ausgeraubt wurde. Auf offener Straße. Während mehrere Personen drum herumstanden. Und niemand unternahm etwas dagegen. Einige starrten Löcher in die Luft, andere verdünnisierten sich. Das hat mich zutiefst schockiert, und ich musste unweigerlich daran denken, dass so etwas auf dem Land einfach nicht möglich wäre. Nicht, weil wir hier besser sind, sondern weil der Geist der Gemeinschaft hier noch immer sehr stark ist. Trotz der verschwindenden Traditionen. Trotz der ach so schlimmen, faulen Dorfjugend. Und trotz der bitter notwendigen Veränderungen. Wir Menschen sind nun mal Rudeltiere. Und dieses Rudel benötigen wir für unsere Sicherheit. Egal, wie individuell unterschiedlich wir sind. Und egal, wie modern wir leben. Und das nicht nur in kleinem Kosmos. Das Gesundheitssystem beispielsweise funktioniert ja nur aufgrund der Gemeinschaft. Wahlen und sonstige demokratische Rituale ja auch. Ich jedenfalls bin glücklich, für mich und meine Kinder eine solche Gemeinschaft um mich herum zu haben. Eine Gemeinschaft, die Traditionen im Großen und Ganzen noch zu schätzen weiß. Eine Gemeinschaft, die (hoffentlich) auch zu Modernisierungen dieser bereit ist. Eben, vor allem um sie zu erhalten. Auch wenn ich weiß, dass uns noch ganz viel Arbeit bevorsteht. Ja, jeder, der etwas verbessern will, muss auch seinen Teil dazu beitragen. Denn niemand kann hoffen, dass man sich hinter den Mänteln verstecken und alles von allein erledigen lassen kann. Wir müssen versuchen, gemeinsame Lösungen zu finden. Einige von uns – so wie in jeder Gesellschaft, etwa zehn Prozent – werden aktiv etwas unternehmen. Andere werden sich hoffentlich anschließen und mitgehen, und der übrige Großteil wird allein dadurch mithelfen können, dass er die notwendigen Änderungen und Modernisierungen nicht blockiert. Auch wenn wir noch einiges „pimpen“ müssten, wäre das so eine durchaus gangbare Vorgehensweise. Und ich hoffe, dass wir das alles rechtzeitig erledigt bekommen. Noch bevor uns die Landwirtschaft wegbricht oder die Kühe wieder beginnen zu fliegen.

Jedenfalls – und das ist ebenfalls ein wichtiger Punkt, den ich aus taktischen Gründen ganz am Ende des Buches platziere: Auch die Gesellschaft muss uns Landwirten bitte entgegenkommen. Nicht mit Geschenken, Almosen oder Mitleid. Sondern mit Verständnis und Akzeptanz. Denn wir Landwirte arbeiten in erster Linie ja für sie. Martins Opa hat immer stolz uns allen erzählt, dass in der Neujahrsansprache des Bundeskanzlers auch er berücksichtigt wurde. Nicht namentlich, aber er als Landwirt. Als Teil der Bauerngemeinschaft. Als produktiver Teil Deutschlands. So fühlte er sich gebraucht und wertgeschätzt. Und das – diese kleine, aber so gewichtige Geste – gibt es seit Jahren nicht mehr. Jetzt müssen wir Landwirte diese Aufgabe in unseren Videos, unseren Gesprächen und unseren Büchern selbst übernehmen. Während zuständige Politiker sich bei einem leckeren Latte macchiato über Subventionskürzungen streiten.

## WOAS?!
## DU BIST IMMER NOCH HIER?

Nun habt ihr einiges über Landwirtschaft, Landleben, Traditionen, Werte, Gemeinschaft, Krokodileier und mich erfahren, liebe Leserinnen und liebe Leser. Und ich konnte – und dafür bin ich superdankbar – so einiges loswerden. Hach. Ich konnte, so hoffe ich, uns Landleute und das Landleben ungeschminkt und mit all seinen Schönheiten und Schönheitsfehlern vorstellen. Vor allem für diejenigen, die mich nicht kennen, da sie sich bis heute weigern (kämpft weiter für euren digitalen Detox, meine Lieben!), horrende Internetrechnungen zu bezahlen und Instagram und Co. zu empfangen. Ja, jetzt habt ihr ein schönes Buch mit Seitenzahlen und ganz vielen Wörtern, das ihr immer und immer wieder durchlesen, verschenken und danach wieder zurückfordern könnt, um es noch einmal durchzulesen. Ich hoffe, dass sich die (männlichen) Altbauern, die hier bei Weitem am meisten einstecken mussten, nicht auf ihre nach Kuhscheiße riechenden Füße getreten fühlen. Denn ich liebe euch alle – ihr habt zusammen mit euren Hulk-mäßig starken Frauen uns all das geebnet, worauf wir, die jungen modernisierten Bauern, bauen können. Und falls sie doch sauer sind, können sie sich jederzeit bei mir melden. Ich brauche ja immer lustigen Motzestoff für neue Sketche ☻

Auch hoffe ich, dass viele Städter dieses Buch kaufen und mit gespanntem Vergnügen verschlingen. Denn der Verlag und ich haben es in der Arbeitseile vergessen, auf dem Cover konkret darauf hinzuweisen, dass es auch für Städter geeignet ist. Ich bekam nämlich letztens schon einen Leserbrief von einem solchen, der mich unsicher fragte, ob das Buch ausschließlich für Landmenschen vorgesehen sei. Diese lustigen Städter – die leben irgendwie auch echt in ihrer eigenen Welt …

Dabei sind wir ja in unseren Bedürfnissen gar nicht so unterschiedlich, wie wir gelernt haben. Wir alle setzen auf ein gesundes und ja, im Optimalfall, ein schützendes soziales Umfeld. Wir alle halten uns – ob bewusst oder unbewusst – an wichtige Traditionen und Werte, die uns ebendieses Umfeld oder unsere Vorfahren übergeben haben. Und wir alle müssen jetzt auch dafür Sorge tragen, dass zumindest die relevanten davon nicht verschwinden. Für uns und für unsere Kinder. Wir müssen beobachten, analysieren, filtern und versuchen, das, was uns lieb ist, was uns und die Menschen, die uns wichtig sind, weiterbringt, um jeden Preis zu erhalten. Und der Preis ist – seien wir doch mal ehrlich – gar nicht so hoch. Ein bisschen offener sein hier und da, ein bisschen toleranter, ein bisschen moderner. Auch wenn man selbst noch unter strammen Strukturen aufgewachsen ist und sich unnötig übertrieben und immer und immer wieder behaupten musste. Unsere Kinder müssen es nicht. Lasst uns doch die dankbare Generation sein, die nicht nur all die exponentiellen Mühen unserer Vorreiter abernten darf, sondern auch allen – den Starken, den Schwachen, den Ausgegrenzten und vielen anderen – das Leben ein wenig erleichtert.

Und es zeigt sich bereits in zahlreichen Versuchen, dass viele auf dem Land bereit sind, etwas zu ändern. Es braucht immer nur Zugpferde dafür, die in den aus meiner Sicht eigentlich süßen Apfel beißen müssen, die Missstände ansprechen und die Aufarbeitung organisieren. Und jetzt muss ich wieder los und unsere neuen Roboter trimmen. Denn noch existiert unser Hof, noch sind wir hier. Und solange wir hier sind, werden wir alles geben. Wir werden melken, die Bevölkerung mit Nahrung versorgen und die notwendigen Modernisierungen fahren. Trotz der Angst, trotz der Kritik, trotz der immer weiter steigenden Preise und trotz all der Bürokratie und vereinzelt verirrten Gedanken, als Gesellschaft auf Landwirtschaft gänzlich verzichten zu können. Wir wuseln trotz allem fröhlich weiter. Denn solange sich etwas bewegt, bleibt die Hemmschwelle, etwas abschaffen zu wollen, ganz weit oben.

## Danke

Meiner Mutter Elke, die immer ein Vorbild für mich sein wird, mit ihrer Neugier und ihrem Mut im Leben und ihrer Hingabe und Liebe für uns Kinder.

Meinem Vater Helmut, der meinen Rücken gerade gemacht und meinen Humor geformt hat.

Meinen Geschwistern, ohne die ich so einsam wäre.

Und Martin, für alles.

## ZITATNACHWEISE

1 Siehe Stanley Milgram: Das Milgram-Experiment – Zur Gehorsamsbereitschaft gegenüber Autorität. Reinbek 1982

2 Katja Schwab: „Konformität". In: Spektrum.de vom 26.01.2006; https://scilogs.spektrum.de/psychologie-des-alltags/konformit-t/ (letzter Abruf 04.08.2024)

3 „Influencerin", in: Duden. Berlin 2024

## BILDNACHWEIS